2022 年西藏人居环境教学团队项目（XJJXTD-12272）成果

西藏自治区级园林一流专业建设项目成果

教育部人文社会科学研究青年基金西藏项目（19XZJC840001）成果

色彩应用与实践

主编○李文博

副主编○姚霞珍　邢震　唐英

西南交通大学出版社

·成 都·

图书在版编目（ＣＩＰ）数据

色彩应用与实践／李文博主编. --成都：西南交通大学出版社，2023.12
　　ISBN 978-7-5643-9694-7

Ⅰ．①色… Ⅱ．①李… Ⅲ．①园林植物 – 景观设计 – 色彩学 – 高等学校 – 教材 Ⅳ．①TU986.2

中国国家版本馆 CIP 数据核字（2023）第 253835 号

Secai Yingyong yu Shijian
色彩应用与实践

主编　李文博

责 任 编 辑	梁　红
封 面 设 计	GT 工作室
出 版 发 行	西南交通大学出版社
	（四川省成都市金牛区二环路北一段 111 号
	西南交通大学创新大厦 21 楼）
营销部电话	028-87600564　028-87600533
邮 政 编 码	610031
网　　　 址	http://www.xnjdcbs.com
印　　　 刷	四川煤田地质制图印务有限责任公司
成 品 尺 寸	185 mm×260 mm
印　　　 张	9.5
字　　　 数	153 千
版　　　 次	2023 年 12 月第 1 版
印　　　 次	2023 年 12 月第 1 次
书　　　 号	ISBN 978-7-5643-9694-7
定　　　 价	38.00 元

课件咨询电话：028-81435775

| 前 言 |

　　色彩课程是农林类高校园林、风景园林等专业的基础课程之一，同时也是视觉传达设计、艺术设计等相关专业学生从色彩等绘画基础课程向设计专业课程迈出的第一步。色彩构成，即通过科学分析的方法，认识色彩的相互作用，把复杂的色彩现象还原为基本要素并按照规律进行组合，再创造出新的色彩效果的过程。本教材是为适应西藏高等学校园林及相关专业人才培养和教学改革，结合园林专业特点、学生现状和教学实际编写的。

　　本书共分为七章，分别介绍了色彩构成的基本概念，色彩的基本原理，藏式建筑装饰色彩表现，植物景观色彩应用及设计，园林景观设计中的色彩表达与应用，色彩构成训练，水粉静物、风景写生，并配有相关作品供读者欣赏。目前，市面上有大量优秀的色彩类教材，其特点各异、难易程度不同，但适合西藏自治区学生实际的较少，尤其对艺术素养薄弱的同学来说，可选择的面较窄。本教材在编写过程中，引用了大量的案例，旨在使学生在较短的时间内掌握绘画技巧，除此之外，还注重学生在掌握色彩理论的基础上对思维能力的拓展，培养学生良好的思维习惯；同时，结合园林植物应用、西藏特色建筑装饰等内容丰富教学内容，将理论与实际相结合，拓宽学生的知识面。

本教材的编写人员全是多年从事园林专业教学的一线教师，具有丰富的教学经验。在教材编写上，内容紧扣园林专业特色，丰富了园林规划设计、景观植物造景设计、园林美学、园林史等内容，对相关实训步骤进行了讲解。书中引用的欣赏图片，除本书作者创作的外，均选自绘画大师作品，增强了可读性和趣味性。本书结合色彩特性，从人文和自然角度阐述了色彩的应用特点及其范畴，可作为高等院校园林专业和艺术设计类专业学生的教材，同时也可为广大艺术设计、园林专业工作者和艺术设计爱好者提供参考。

本教材由李文博担任主编，姚霞珍、邢震、唐英担任副主编。具体编写分工如下：第一章、第二章、第三章、第六章、第七章由李文博编写；第四章由邢震、唐英编写；第五章由姚霞珍编写。2022级研究生郑焯耀同学参与了本教材部分图片的设计工作。

由于作者水平有限，加之时间仓促，书中疏漏之处在所难免，恳请广大师生批评指正。

编者

2023 年 6 月

CONTENTS

| 目 录 |

第一章

绪　论

第一节　色彩概述

一、色彩的概念

色彩是一种客观现象的存在，各种物体因吸收和反射光量的程度不同而呈现出复杂的色彩现象。而这些色彩现象是通过人双眼的视觉神经来感知的。色彩是人类生活的一个重要元素，在社会生活中，色彩经常容易与政治、经济、文化、情感等相联系。

二、色彩的形成

五彩斑斓的世界是眼睛在光的作用下通过感知信息看到的。光线明亮时，看到的景象清晰；光线阴暗时，看到的景象暗淡、模糊，如果没有光，我们什么都看不见。

（一）光与色

太阳光产生的高热能形成电磁波向宇宙空间辐射，光属于太阳电磁波的一部分。电磁波的范围相当广泛，其包含宇宙射线、紫外线、可见光、红外线、微波、无线电波等，但是真正能够在人眼的视觉系统上产生色彩感觉的电磁波是可见光波，其波长范围在380nm~780nm。在这段可见光谱中，不同波长的电磁波产生不同的色彩感觉。1666年，英国物理学家牛顿通过三棱镜将太阳白光分解为红、橙、黄、绿、青、蓝、紫七种单色光，它们按彩虹的颜色秩序排列（见图1-1）。光谱中各色光在可见光区域中的波长有所不同，700nm~630nm为红色光，630nm~590nm为橙色光，590nm~560nm为黄色光，560nm~490nm为绿色光，490nm~460nm为青色光，460nm~440nm为蓝色光，440nm~400nm为紫色光。其中，红色光的折射率最小，它拥有光谱中最长的波长；紫色光的折射率最大，波长最短。透过三棱镜后不能再分解的光称为"单色光"。一般的光源是由不同波长的单色光混合而成的复色光。自然界中的太阳光及人工制造的日光灯所发出的光都为复色光。白光就是一种复色光。光的波长决定光的颜色，光的能量决定光的强度，光的物理特性由光的波长及能量来决定。

图1-1　七色光

（二）光源色与物体色

光源色是光源自身发出的色彩，是人的眼睛能够直接感受到的色彩，如白天太阳发出的白色光，夜晚白炽灯发出的黄色光、荧光灯发出的蓝色光，以及 LED 灯和霓虹灯发出的绚丽色彩等。色光的空间媒介是空气，空气是一种存在的物质，光源透过空气会产生空气的色彩透视现象，而不同的色光对大气的透视能力由于色光本身的波长不同而有强弱之分，红光最强、绿光次之，这就是交通指示灯采用红、绿色的原因之一。

自然界的物体五花八门、变化万千，有不透明、半透明和透明物体。虽然它们本身大都不会发光，但都具有选择性地吸收、反射、折射、散射和投射光的特性。光在两种介质分界面上改变传播方向又返回原来介质中的现象叫作"光的反射"。如当光投射到不透明物体表面时，一部分光被吸收，一部分光反射到人的眼睛里，就成为人眼所看到的物体固有色。光从一种透明介质斜射入另一种透明介质时，传播方向一般会发生变化，这种现象叫作"光的折射"。如光由空气射入水中，一部分光被吸收，一部分光被反射，一部分光被折射，即在两种介质交界处，既发生折射，也发生反射。如果介质是非均匀的，这些粒子就会向各个方向辐射，成为光的散射。当光入射到透明或半透明材料表面时，一部分光被反射，一部分光被吸收，还有一部分光可以透射过去。透射是入射光经过折射穿过物体后的出射现象。被投射的物体为透明或半透明物体，如玻璃、滤色片等。任何物体对光不可能全部吸收或反射，因此实际上不存在绝对的黑色或白色。常见的黑、白、灰物体色中，白色的反射率是64%~92.3%，灰色的反射率是10%~64%，黑色的吸收率是90%以上。物体对色光的吸收、反射、折射、散射或透射能力还受物体表面肌理状态的影响，表面光滑、平整、细腻的物体对色光的反射较强，如镜子、宝石、金属、磨光的大理石、丝绸织物等；表面粗糙、凹凸、疏松的物体易使光线产生漫射现象，故对色光的反射较弱，如毛玻璃、树皮、呢绒等。

物体对色光的吸收与反射能力是固定不变的，因此，在常光下人对物体色彩有一种习惯性认知，把它认为是物体固有色的色彩，而实际上，物体表面的色彩会随着光源色的不同而改变，有时甚至失去其原来的色相感觉。如在强烈闪烁的各色舞台灯光下，所有事物包括人物的肌肤和服饰几乎失去了原来的本色而显得色彩纷呈。另外，光照的强度及角度对物体色也有影响，过强的光如太阳光、聚光灯的光直接进入眼睛，人眼是看不到色彩的。

第二节　认识色彩

一、色料三原色

颜料三原色指红、黄、蓝三色，任何色彩都由这三种颜色按照不同的比例混合而成，而其他颜色无法调制成这三种色。例如，红＋黄＝橙，蓝＋红＝紫，黄＋蓝＝绿，红、黄、蓝三原色相混为黑灰色（见图1-2）。

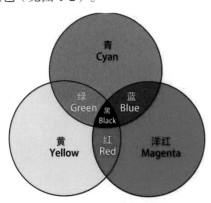

图1-2　色料三原色

二、色光三原色

色光三原色是红、绿、蓝三色，其色光的混合使明度增强，因此称为"加光混合"。例如，红光＋绿光＝黄光，红光＋蓝光＝品红光，蓝光＋绿光＝青光，红光＋绿光＋蓝光＝白光（见图1-3）。

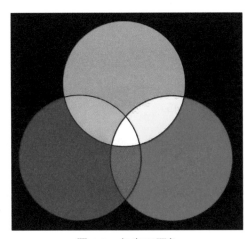

图1-3 色光三原色

三、同类色

同一色相中不同倾向的系列颜色被称为"同类色"。如黄色分为柠檬黄、中黄、橘黄、土黄等，它们都被称为"同类色"。

四、近似色

近似色一般是指在色环上接近的各种颜色，如红与橙、橙与黄、黄与绿、绿与蓝、蓝与紫等。所以在两色或三色之中，各颜色都含有少量的相同色素。

五、对比色

对比色是指在色相环上任何一对颜色的组合。对比色可分为强对比色与弱对比色，其中，相隔角度为120°的为反对色。如红与蓝、黄与红等（见图1-4）。

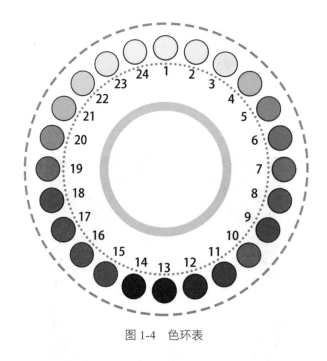

图1-4　色环表

六、补色

补色是指在色相环上，任何相隔180°的两种颜色。其两色相混为黑灰色，如红与绿、黄与紫、橙与蓝。补色是色彩对比中最强烈的对比形式（见图1-5）。

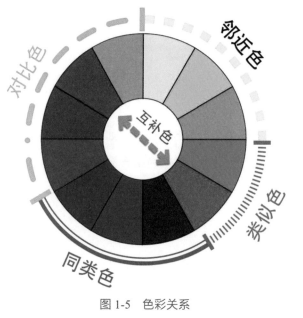

图1-5　色彩关系

七、有彩色

有彩色是指可见光谱中的全部色彩，如红、橙、黄、绿、青、蓝、紫，同时又具有色相、明度、纯度三个基本属性。

八、无彩色

无彩色是指只存在明度上的差别，不具备任何色彩倾向性的颜色，如黑、白、灰三种彩色。有彩色与无彩色相混，使色彩变化更加丰富，构成了完整的色彩体系。

九、固有色

固有色是指在柔和的太阳照射下的物体的色彩，也称"物体色"。由于任何物体的颜色都是对光源色吸收和反射而形成的，同时，它还受到不同光源色及环境色等方面的影响，所以没有绝对的固有色。

十、光源色

光源色是指光的颜色。自然界中的光源，不仅有太阳、月亮等自然光源，还有人工光源。不同光源其产生的色彩不同。如早晨的阳光呈黄色光，物体偏黄色；中午的阳光呈白色光，物体偏亮；傍晚的阳光呈红色光，物体偏红色。

十一、环境色

环境色一般是指物体受反射光影响所呈现的色彩。习惯上，把物象暗部所反射的光称作"环境色"。

十二、色性

色性是指色彩给人们的一种冷暖感觉，是一种因人们的视觉和联想诱发产生的概念性色彩。从大的冷暖上区别，红、橙类色彩使人联想到太阳、火焰，产生一种温暖的感觉；蓝、紫色等色彩使人联想到大海、月光等，使人产生清冷感。

十三、色调

色调是指图画色彩所呈现的总体色彩倾向性。从明度上分，有明亮色调、深暗色调、灰色调等；从纯度上分，有高纯度与低纯度色调；从色相上分，有红色调、蓝色调、黄色调等；从冷暖上分，有冷色调、暖色调等。

第三节　色彩的基本属性

一、色相

色彩的相貌是区别色彩种类的名称。色彩用不同的名称表示，如红、黄、蓝、绿、紫等。

（一）原色

原色又称"第一次色"，不能用其他色混合而成的色彩叫"原色"（见图1-6），但用原色却可以调出其他色彩。

红、黄、蓝

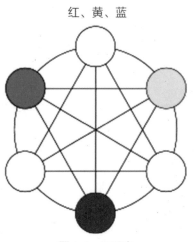

图1-6　三原色

（二）间色

　　由任意两个原色混合后的色被称为"间色"，三原色就可以调出三个间色（见图1-7）。它们的配合如下：红＋黄＝橙、黄＋蓝＝绿、蓝＋红＝紫。

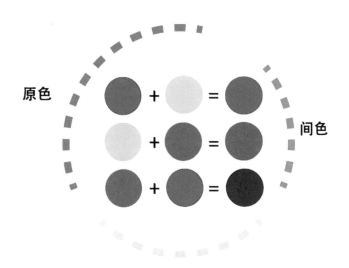

图1-7　间色关系

（三）复色

　　复色由一种间色和另一种原色混合而成。复色的配合如下：黄＋橙＝黄橙、红＋橙＝红橙、红＋紫＝红紫、蓝＋紫＝蓝紫、蓝＋绿＝蓝绿、黄＋绿＝黄绿等（见图1-8）。

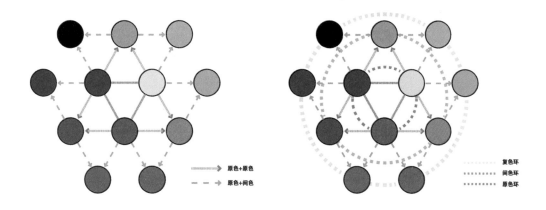

图1-8　复色关系

所得的六种复色为：黄橙、红橙、红紫、蓝紫、蓝绿、黄绿；比如，橙色加柠檬黄，柠檬黄的量不断增加，看颜色出现什么变化（见图 1-9）。

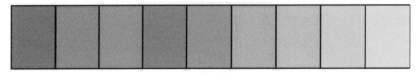

图 1-9　黄橙复色变化

二、明度

色彩的明暗程度，也可以说色彩的亮暗或深浅度，如高、中、低明度。任何一个彩色加白、加黑都可以构成该色以明度为主的序列（见图 1-10）。

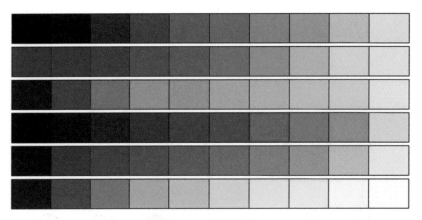

图 1-10　明度渐变

三、纯度

色彩的纯净程度，也可以说色相感觉明确及鲜灰的程度。如鲜、中、灰、艳度、彩度、饱和度等说法。

（1）选定某一个色相加同一明度灰（黑加白），灰的量逐渐增加，色彩会呈现的变化如图 1-11 所示。

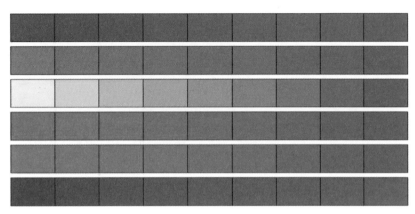

图 1-11 色彩纯度

（2）选定某一个色相，和黑加白形成的不同明度的灰色相加，色彩形成的变化如图 1-12 所示。

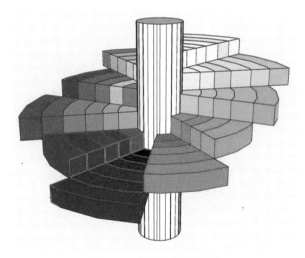

图 1-12 蒙赛尔色彩体系

（3）选定某一个色相，和这个色的对比色（补色）不断相加，对比色的量逐渐增加，这一色相呈现的变化如图 1-13 所示。

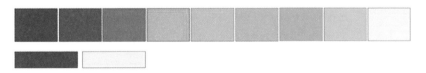

图 1-13 蓝—黄补色色量变化

第二章

色彩的基本原理

第一节　色彩的来源载体

　　人类对色彩的应用可以追溯到远古时代。这从距今2万～4万年的旧石器时代的洞窟壁画，如西班牙阿尔塔米拉的洞穴壁画《受伤的野牛》（见图2-1）、法国拉斯科洞窟壁画《受伤的男子和野牛》（见图2-2）等得到印证。《受伤的野牛》使用了红、赭黄、黑、白等色，作者用色大胆，色彩强烈，具有情感特征。但是，色彩是什么？它来自何处？人类是怎样看它的？它的构成要素与变化规律如何？这些问题大约到公元前4世纪才有人进行研究。

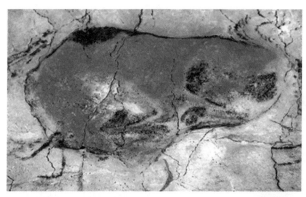

图2-1　阿尔塔米拉洞穴壁画——受伤的野牛

图2-2　受伤的男子和野牛

一、从哲学的光色到科学的光色

色来源于天空的阳光。

最早从色彩的感觉理论上来说明色彩来源的是哲学家。

古希腊哲学家亚里士多德说："几乎所有的色彩都来源于各种强度的太阳光和火光的混合，以及水和空气的混合。他关于色彩来源问题谈得较多，概括起来有以下几点：（1）单一色是根据四元素，即火、空气、水、土所形成的颜色。空气和水在其性质上是白色的，火和太阳为黄色；土本身也是白的，但由于各种不同的着色方法，所以色彩也就各种各样了。（2）白、黑、黄以外的颜色由某一种单色混合或互相调和时产生。（3）黑暗在缺乏光线时产生。

在亚里士多德之前，我国的老子说过："道生一，一生二，二生三，三生万物。万物负阴而抱阳，冲气以为和。"（《老子·四十二章》）。老子所说的"道"是宇宙生成发展的原动力和基本规律。"一"是太一，即天地未分宇宙之前宇宙混沌一片的状态；"二"是天和地；"三"指阴气、阳气、和气，这三种气生成了万物。万物正面是阳，背面是阴，阴阳二气相对抗而趋向平衡（和），才有了万物。老子所说的"阳"就是阳光，"阴"就是万物的暗部、背阴处。后来的哲学家、艺术家反复说的"明暗""明晦"等都是对"阴阳"的诠释与发挥。它们虽然没有直接指明色彩来源于光，但八卦中的黑、白与艺术中的黑白都表示阴阳。黑与白是现代色彩学家制定的色相环中的两极色，白色是所有色光之和，黑色是所有色光之差。

哲学家从经验和思辨的角度把握光与色的关系，科学家则通过试验证明了光与色的关系。牛顿创造的以白色为圆心的红、橙、黄、绿、青、蓝、紫七色色相环，菲利普·奥托·龙格创造的以黑、白为两极的12级色相环，以及奥斯特瓦尔德的以黑、白为色立体中轴的底与顶的立体呈复圆锥体的24级色相环等，都对色光做了细致的划分，为色彩的多样性、多变性提供了科学的依据。

哲学家、科学家都证明了色来源于光，但人们只能偶尔从彩虹中、从棱镜中看到彩色的光。这种色光只存在于太空，它的载体是天空，艺术家无法留住它，更无法调和它、利用它。艺术家拥有这种知识，可以了解色彩强弱、明暗的原因，但无法依靠它来解决全部色彩问题。这是因为人类所见到的色彩不仅是色光。正像歌德所说的，色彩有三种：生理学色、化学色、物理学色。牛顿等科学家看到的色光，只是这三类色中的一种。歌德所说的化学色，是"属于各种物质"的色，这种色的载体是地球上的各种物体。艺术家所能看到、能获取的色基本是物体上的色。

二、从物体的"固有色"到"全色彩"——色来源于物体的颜色

太空中的色光人类难以直接把握。人类能依靠视觉、触觉、感觉把握到的色是物体的色。由于物体的色在一个相当长的时间里变化不十分明显，所以人们称其为"固有色"。

物体的色不是孤立的，要时刻受光源色与环境色的影响，所以，细心的画家为了捕捉物体在特定时间、空间的色彩，特别重视观察物体受什么样的光源、透过怎样的空气照射它，以及它的周围的色彩对它的影响，这样才把握住了物体色彩的基本面貌——它的"全色彩"，从而逼真地表现了它。但是，这样对固有色——全色彩的把握仍然是片面的。第一，画家所画的物体的色彩并不是从该物体上提取的。例如，画中的松树、玫瑰花、公牛的颜色，并不是从松树、玫瑰花、公牛的身上提取的，而是从矿物质与其他植物、动物身上提炼加工出来的，有些用化学方法人工制造的，它不可能与原物相同。第二，以物体的色光感觉去描绘对象。不同的画家的色彩感觉不同，他们画同一物体，其色彩也不尽相同。这样看来，"画中的色彩来源于物体的颜色"的认识也是片面的，所以，柏朗克、德拉克罗瓦等宣布画家不画固有色。那么，不画固有色，而阳光色不通过棱镜又看不到，看到了也无法利用它，画家画什么色呢？

三、主观的色彩感觉——画家心中的色

画家的"色彩感觉"包括对色彩的感知、印象、联想、错觉、幻想等。塞尚所说的"绘画意味着把色彩感觉登记下来加以组织"，并非是个人的，而是普遍的。这样看来，绘画色彩直接来源于画家心中的色。事实上，没有任何一个画家能把客观自然的色完全画下来，他画的是他感觉的、理解的、重新加工的、组织的色。这种色并不是凭空制造出来的，而是在长期观察空中的光色、地球的物体之色后，运用自己的思维能力、想象力、创造力和情感力进行提炼、概括，形成千差万别的色彩形式以及不同流派，

如印象派、现实主义、野兽派、新艺术、表现主义等。因此，同一物象让不同画家去描绘，它们就会异彩纷呈。不同的植物学家在画同一种植物时，应当用一种颜色。一个画家如果心中无色，他手中的颜料与观察过的对象再多，也是画不出好的色彩画的。能以独特的方式充分发挥感觉、加工色彩的潜力和创造力是画家必备的能力之一。这种能力有先天的因素，但主要是后天训练的结果。

四、颜料的色——绘画中的一切色的载体

对于画家来说，无论是天空的色光、地上的物体之色，还是画家心中之色，要让其变成绘画之色的主要途径是绘画颜料。一个画家手中掌握的颜料品种的多少，他对优质颜料的性能与研制方法了解多少，他所拥有用色方法的多少等，决定了他的画面颜色的质量。你观察到、感到的色彩无论有多丰富、绚丽，如果你不能用适当的颜料把它表现出来，也无济于事。一个画家不能只满足于使用现成的灌装颜料，要关心历史上的优质颜料的性能与制作方法，特别是要关心现代人研制新颜料与用色方法，这样你画中的色彩就能不断出新。

我们研究绘画色彩的来源，强调要完整地理解色彩的来源，这对于绘画学习与创作有什么意义呢？

研究绘画色彩的来源，须知天空中的色光（物理色）、物体表面色（化学色）与画家心中之色（生理色），这三者不是平行并列的，它们就像一串链条，一环扣一环。物体的色来源于空中的色光，画家心中的色来源于空中的、物体的色，画中的颜色来源于画家心中之色。画家只有对各环节之间的关系以及每一环的重要性认识透彻，才会避免片面性。当中国的水墨画与西方的素描只强调色相环中的两极色（黑、白）时，画面上的浮雕感虽很强，但色彩的功能却未得到发挥。当画家们热衷于"固有色"而忽视光源色、环境色对它的影响时，色彩的功能也未能得到充分发挥。当"全色彩"的优秀作品把写实性绘画推到登峰造极的地步时，人们还是想方设法超越它。其原因是，绘画作品与绘画色彩的最高境界是画家从模仿自然光色、模仿客观物体中解放出来，充分发挥色彩的自律性，用画家心中的色彩，表现宇宙的生命精神，这是绘画的升华，是色彩的升华。中国画家追求的"气韵""意境"，西方画家追求的宇宙的"内在音响""内在秘密""普遍的美"等，都是追求宇宙生命精神的具体体现。我们研究绘画色彩来

源的意义和目的，不是画家去简单地模仿自然色与客观色的颜色，而是要力求用绘画色彩去把握、表现宇宙的生命精神。而要做到这一点，就一定要了解色彩来源"链条"上的每一环，以及各环之间的依赖关系与升华。

第二节　色彩构成规律

色彩构成（Interaction of Color）着重研究超自然物色之外的纯粹色彩本体及其配置关系、构成形式与技巧、表现意蕴及审美等方面，是一套完整的、系统的认识和应用色彩的体系。色彩构成从物理学方面研究色彩的本质性质，从生理学方面研究色彩的视觉规律，从心理学方面研究色彩的情感，从美学方面研究色彩的造型。

一、美学原则

早在古希腊时期，西方先哲们就提出"美在和谐"的论断，人类长期的审美创造与欣赏经验表明"和谐"是色彩美的来源。人们生活在这样一个五彩缤纷的世界里，对于设计师而言，如何运用色彩，如何表现色彩的魅力是需要学习和研究的。

（一）对比与调和

色彩的运用实际上就是色彩的组合。在色彩组合时，离不开色彩的对比和调和，对比与调和是相互依存的矛盾的两个方面。离开了任何一方都无法完美呈现。绝对的对比会产生极大的刺激，绝对的调和会显得乏味，有机地处理对比与调和的关系，才能呈现完美的画面。大自然提供给我们丰富的色彩，其中不乏完美的色彩搭配，充分体现了色彩的对比与调和关系，例如食物中的红豆与绿豆、黄豆与黑豆，植物中的鸢尾花花瓣的黄与紫，以及日落时分的余晖和蓝天。

俗话说："万绿丛中一点红，红配黄，亮堂堂。红配紫，难看死。"这说明色彩对比与调和的结果对人的感受的影响。就色彩而言，凡能在整体色彩布局中协调相处，并能诱发出人们相应审美感受的色彩搭配关系，便符合和谐美的色彩设计原理。人类长期的审美经验表明，色彩的和谐之美不仅要求色彩的组合关系要互相匹配，而且还要彼此独立。因此，对比调和才是构筑色彩和谐之美的真正缘由，在配色时必须注意各种色彩搭配出来的分量、效果、气氛和对人的视觉的影响。与此同时，和谐也被称为"一切色彩美创作的总原则"。

（二）节奏与韵律

在视觉艺术中，借用音乐术语"节奏与韵律"，节奏可被理解为一种空间的秩序，是视觉元素在空间中持续的、有秩序的强弱、虚实变化。单一的、孤立的、偶然的视觉元素不可能形成节奏，而韵律是按一定的法则而变化的节奏，也就是不同的节奏有规律地连续伸展的整体感觉。在色彩构成中，单纯的色彩重复易于单调，有规律的变化使之产生犹如音乐、诗歌般的旋律，更加积极而有生气、活泼而有魅力。通过色彩的聚散、重叠、反复、转换等，在色彩的变动、回旋中形成节奏与韵律的美感。

节奏一般分为重复性节奏、渐变性节奏以及多元性节奏三种形式。重复性节奏产生的是色彩的节奏感，而渐变性节奏、多元性节奏产生的则是色彩的韵律感。

1. 重复性节奏

通过单位形态的色彩上的有规律性地重复可体现秩序性美感。简单的重复性节奏有较短时间周期，容易达到统一的效果，适合表现机械和理性的美感（见图2-3）。

图2-3 色彩重复性节奏

2. 渐变性节奏

渐变性节奏是将色彩按某种规律定向作循序推移，它相对淡化了"节拍"意识，有较长时间的周期特征，形成反差明显、静中见动、高潮迭起的闪色效应。渐变性节奏有色相、明度、纯度、冷暖、补色、面积、综合等多种推移形式（见图2-4）。

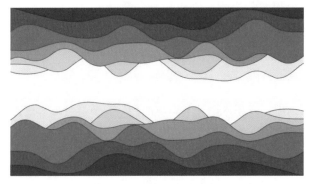

图2-4　色彩渐变性节奏

3．多元性节奏

多元性节奏由多种简单重复性节奏组成，利用色彩的组合，在强弱、行止、急缓、起伏等运动方面进行较为复杂的多元性重复，具有韵律感。当然，这种色彩的多元性节奏在构成时应受到一定规律的约束，其特点是色彩运动感很强，层次非常丰富，但如果处理运用不当，易出现杂乱无章的不良效果（见图2-5）。

图2-5　杂乱的色彩关系

（三）均衡

均衡即平衡，是遵循杠杆的力学原理，以同量不同形与色的组合取得画面的平衡状态。均衡从视觉上来看是指一定等量的力的平衡状态，在视觉上要比对称显得灵活。均衡主要是把握好重心的稳定，使色彩的各种配置要素和色彩的面积分布、强弱或轻重等在画面整体视觉上产生一种稳定的效果，色彩布局要求自然合理（见图2-6）。

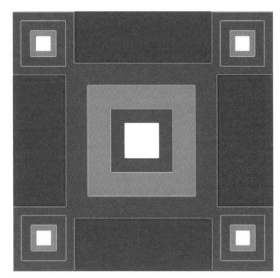

图 2-6　色彩均衡

（四）强调

色彩强调是为了突出画面的效果，弥补整体画面的贫乏与单调感。在色彩配列中，以适当的比例关系合理利用色彩的明暗、冷暖、鲜灰等对比，能够突显主题，达到画龙点睛的作用，从而构成整体中的强调（见图2-7）。

图 2-7　色彩强调

强调的方法：

（1）一般以极小面积的色为强调色，强调的主题要恰当，以形成视觉中心，增强注目性。

（2）采用与画面色调倾向一致的鲜明色，是主色调强调；采用与整个色调对照的小块对比色称为"对比色强调"。

（3）采用对比性质作为强调色时须注意：整体色调为高明色时，用暗色来强调；整体色调为无彩色时，用有彩色强调。

（4）强调色的位置和比例关系都必须考虑配色的平衡。

（五）点缀

在画面所占的面积小而分散的色彩被称为"点缀色"。点缀是面积对比的一种特殊形式，具有活跃画面气氛的特点，应十分慎重、珍惜地将鲜明、生动的色彩用到关键的地方（见图2-8）。四大点缀关键色，即阳光黄色、圣诞红色、克莱因蓝色和刺柏色，阳光强烈的饱和色呈现鲜明对比。这一精确的潮流得到不带同色变体的色彩烘托。

图2-8　四大点缀色

（六）呼应

呼应是配色平衡的手段，任何色块在布局时一般都不应孤立出现。它需要同种或同类色块在上下、前后、左右诸方面彼此互相照应，以保持画面的平衡。同时，还能

够起到调节和满足视觉神经的作用。采用这种"你中有我，我中有你"的手法，容易
取得协调统一的节奏感（见图2-9）。

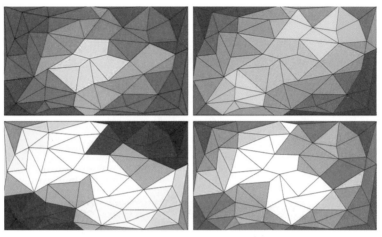

图2-9 色彩呼应

色彩呼应的方法有两种。

（1）局部呼应。

（2）全面呼应。

（七）层次

色彩的前进、后退感觉影响着色彩的层次变化。暖色、纯色、亮色、大面积色一
般具有前进感；冷色、含灰色、暗色、小面积色具有后退感。但这仅是一般的概念，
而更多的时候，色彩的层次受色彩的明度对比和纯度变化的影响（见图2-10）。

图2-10 色彩层次（冷暖）渐变

（八）衬托

色彩的衬托是指图色与底色（或背景色）的映衬关系。衬托依赖于面积对比（见图2-11）。

衬托主要有下列几种形式。

（1）明暗衬托。利用色彩的明度对比，用较大面积的亮色（或暗色）衬托较小部分的暗色（或亮色）。如浅色底配深色图，深色底配浅色图。

（2）冷暖衬托。利用色彩的冷暖对比，用较大部分的冷色（或暖色）衬托较小部分的暖色（或冷色）。如冷色底配暖色图，暖色底配冷色图。

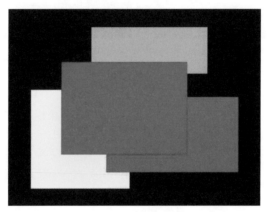

图2-11　色彩衬托

（3）灰艳衬托。利用色彩的纯度对比，用较大面积的灰色（或艳色）衬托较小部分的艳色（或灰色）。如灰色底配鲜艳的图，在鲜艳的底色上配灰色的图。

（4）繁简衬托。大面积单纯的底色上配以小面积的多彩纹样，或多彩的背景上配以单纯纹样称为色彩的繁简衬托。

二、色彩对比

色彩对比，主要指色彩的冷暖对比。从色调上划分，可分为冷调和暖调两大类。红、橙、黄为暖调，青、蓝、紫为冷调，绿为中间调，不冷也不暖。色彩对比的规律是：在暖色调的环境中，冷色调的主体醒目；在冷色调的环境中，暖色调主体突出。

色彩对比除了冷暖对比之外，还有色相对比、明度对比、纯度对比、面积对比等。

（一）明度对比

明度对比是色彩的明暗程度的对比，也称"色彩的黑白度对比"。明度对比是色彩构成的最重要的因素，色彩的层次与空间关系主要依靠色彩的明度对比来表现。只有色相的对比而无明度对比，图案的轮廓形状难以辨认；只有纯度的对比而无明度的对比，图案的轮廓形状更难辨认。据相关研究表明，色彩明度对比的力量要比纯度大三倍，可见色彩的明度对比是十分重要的。

根据明度色标，凡明度在零度至三度的色彩称为"低调色"，四度至六度的色彩称为"中调色"，七度至十度的色彩称为"高调色"。色彩间明度差别的大小，决定明度对比的强弱。三度差以内的对比又称为"短调对比"；三至五度差的对比称为"明度中对比"，又称为"中调对比"；五度差以外的对比，称为"明度强对比"，又称为"长调对比"（见图2-12）。

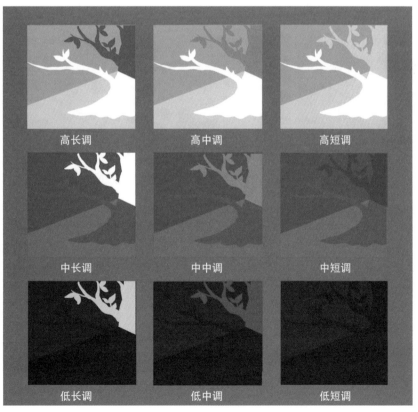

图2-12　色彩明度对比

（二）纯度对比

　　色彩中的纯度对比，纯度弱对比的画面视觉效果比较弱，形象的清晰度较低，适合长时间及近距离观看。纯度中对比是最和谐的，画面效果含蓄丰富，主次分明。纯度强对比会出现鲜的更鲜、浊的更浊的现象，画面对比明朗、富有生气，色彩认知度也较高（见图2-13）。

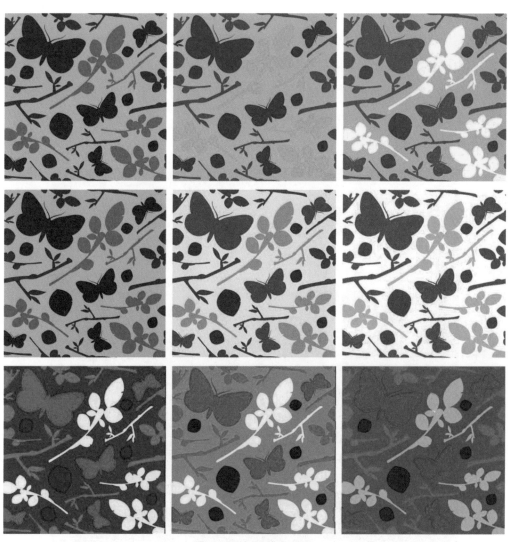

图 2-13　色彩纯度对比

（三）面积对比

一般以极小面积的色为强调色，以形成视觉中心，增强注目性（见图 2-14）。

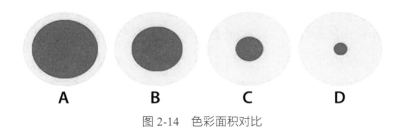

图 2-14　色彩面积对比

第三节　色彩的联想与象征

暖色调画面——可获得温暖、热烈感。

冷色调画面——可获得清冷、宁静感。

明度高的画面——可获得明亮、轻松感。

明度低的画面——可获得深沉、庄严感。

以明度对比或色相对比为主调——可获得活跃和运动感。

以明度调和或色相类似为主调——可获得稳定和平静感。

以色相多的色来统一画面——可呈现出热闹、活跃的气氛。

以色相少的色来统一画面——可呈现出安宁、安静的气氛。

一、色彩的冷、暖感

色彩本身并无冷暖的温度差别，是视觉色彩引起人们对冷暖感觉的心理联想。

暖色：人们见到红、红橙、橙、黄橙、红紫等色后，马上会联想到太阳、火焰、热血等物象，产生温暖、热烈、危险等感觉。

冷色：见到蓝、蓝紫、蓝绿等色后，则很容易联想到太空、冰雪、海洋等物象，产生寒冷、理智、平静等感觉。

（一）色相对比

根据色相对比的强弱可分为：同一色相对比在色相环上的色相距离角度是 0°；邻近色相在色相环上相距 15° 到 30°；类似色相对比在 60° 以内；中差色相对比在 90° 以内；对比色是 120° 以内；补色相对比在 180° 以内；全彩色对比范围包括360° 色相环（包括明度、纯度、冷暖）。色相对比时，如果周围的颜色与图案面积比很大，明度越是接近，效果就会越明显，对比感也会增强。另外，用高纯度的色相系列进行组合，对比效果也会更明显（见图 2-15）。

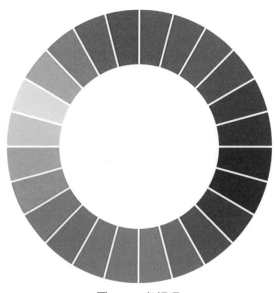

图 2-15　色相环

（二）色彩的冷暖感觉

不仅表现在固定的色相上，而且在比较中还会显示其相对的倾向性。如同样表现天空的霞光，用玫红画早霞那种清新而偏冷的色彩，感觉很恰当，而描绘晚霞则需要暖感强的大红。但如与橙色对比，前面两色又都加强了寒感倾向。人们往往用不同的词汇表述色彩的冷暖感觉，暖色——阳光、不透明、刺激的、稠密、深的、近的、重的、男性的、强性的、干的、感情的、方角的、直线型、扩大、稳定、热烈、活泼、开放等。冷色——阴影、透明、镇静的、稀薄的、淡的、远的、轻的、女性的、微弱的、湿的、理智的、圆滑、曲线型、缩小、流动、冷静、文雅、保守等。

中性色：绿色和紫色是中性色。黄绿、蓝、蓝绿等色，使人联想到草、树等植物，产生青春、生命、和平等感觉。紫、蓝紫等色使人联想到花卉、水晶等稀贵物品，故易产生高贵、神秘感。至于黄色，一般被认为是暖色，因为它使人联想到阳光、光明等，但也有人视它为中性色，而同属黄色相，柠檬黄显然偏冷，而中黄则感觉偏暖。

（三）色彩的轻、重感

色彩的轻重感主要与色彩的明度有关。明度高的色彩使人联想到蓝天、白云、彩霞、花卉、棉花、羊毛等。产生轻柔、飘浮、上升、敏捷、灵活等感觉。明度低的色彩易使人联想到钢铁、大理石等物品，产生沉重、稳定、降落等感觉。

（四）色彩的软、硬感

其感觉主要也来自色彩的明度，但与纯度亦有一定的关系。明度越高感觉越软，明度越低则感觉越硬，但白色反而软感略低。明度高、纯度低的色彩有软感，中纯度的色也呈柔感，因为它们易使人联想起骆驼、狐狸、猫、狗等好多动物的皮毛，还有毛呢、绒织物等。高纯度和低纯度的色彩都呈硬感，如它们明度也低则硬感更明显。色相与色彩的软、硬感几乎无关。

（五）色彩的前、后感

由各种不同波长的色彩在人眼视网膜上的成像有前后，红、橙等光波长的色在后面成像，感觉比较迫近，蓝、紫等光波短的色则在外侧成像，在同样距离内感觉就比较后退。实际上这是视错觉的一种现象，一般暖色、纯色、高明度色、强烈对比色、大面积色、集中色等有前进感觉，相反，冷色、浊色、低明度色、弱对比色、小面积色、分散色等有后退感觉。

（六）色彩的大、小感

由于色彩有前后的感觉，因而暖色、高明度色等有扩大、膨胀感，冷色、低明度色等有显小、收缩感。

（七）色彩的华丽、质朴感

色彩的三要素对华丽及质朴感都有影响，其中纯度关系最大。明度高、纯度高的色彩，丰富、强对比色彩感觉华丽、辉煌。明度低、纯度低的色彩，单纯、弱对比的色彩感觉质朴、古雅。但无论何种色彩，如果带上光泽，都能获得华丽的效果。

（八）色彩的活泼、庄重感

暖色、高纯度色、丰富多彩色、强对比色感觉跳跃、活泼、有朝气，冷色、低纯度色、低明度色感觉庄重、严肃。

（九）色彩的兴奋与沉静感

其影响最明显的是色相，红、橙、黄等鲜艳而明亮的色彩给人兴奋感，蓝、蓝绿、蓝紫等色使人感到沉着、平静。绿和紫为中性色，没有这种感觉。纯度的关系也很大，高纯度色给人兴奋感，低纯度色给人沉静感。

二、几种常见色彩的表现特征

（一）红色

红色的波长最长，穿透力强，感知度高。它易使人联想到太阳、火焰、热血、花卉等，感觉有温暖、兴奋、活泼、热情、积极、希望、忠诚、健康、充实、饱满、幸福等向上的倾向，但有时也被认为是幼稚、原始、暴力、危险的象征。红色历来是我国传统的喜庆色彩。

深红及带紫的红给人庄严、稳重而又热情的感觉，常见于欢迎贵宾的场合。含白的高明度粉红色，则有柔美、甜蜜、梦幻、愉快、幸福、温雅的感觉。

（二）橙色

橙与红同属暖色，具有红与黄之间的色性，它使人联想起火焰、灯光、霞光、水果等物象，是温暖、响亮的色彩，给人活泼、华丽、辉煌、跃动、炽热、温情、甜蜜、愉快、幸福感，但有时也给人疑惑、嫉妒、伪诈等感觉。

含灰的橙成咖啡色，含白的橙成浅橙色，它们都是服装中常用的甜美色彩，是众多消费者，特别是妇女儿童喜欢的服装色彩。

（三）黄色

黄色是所有色相中明度最高的色彩，易给人轻快、光辉、透明、活泼、辉煌、希望、健康等印象。但黄色过于明亮而显得刺眼，并且与他色相混即易失去其原貌，有时给人轻薄、不稳定、变化无常、冷淡等感觉。

含白的淡黄色给人平和、温柔感，含大量淡灰的米色或本白则是很好的休闲自然色，深黄色却另有一种高贵、庄严感。由于黄色极易使人想起许多水果的表皮，因此它能引起对酸性的食欲感。另外，黄色还常被用作安全色，因为它醒目，易被人发现，如室外作业人员的工作服。

（四）绿色

绿色象征生命、青春、和平、安详、新鲜等，它适应人眼的注视，有消除疲劳、调节功能。黄绿带给人们春天的气息，颇受儿童及年轻人的欢迎。蓝绿、深绿是海洋、森林的色彩，具有深远、稳重、沉着、睿智等含义，而含灰的绿，如土绿、橄榄绿、咸菜绿、墨绿等色彩则给人成熟、稳重的感觉。

（五）蓝色

与红、橙色相反，蓝色是典型的寒色，有沉静、冷淡、理智、高深、透明等含义，随着人类对太空的不断探索，它又有了象征高科技的强烈现代感。

浅蓝色给人明朗、富有青春朝气的感觉，为年轻人所钟爱，但有时也给人不够成熟的感觉。深蓝色给人沉着、稳定的感觉，是很多中年人喜爱的颜色。其中的群青色充满着动人的深邃魅力，藏青则给人大度、庄重的印象。

（六）紫色

紫色给人神秘、高贵、优美、庄重、奢华感，但也有孤寂、消极之义，尤其是较暗或含深灰的紫，易给人不祥、腐朽的印象。含浅灰的红紫或蓝紫色，有着类似太空、宇宙色彩的幽雅、神秘的时代感，为现代生活所广泛采用。

（七）黑色

黑色为无色相无纯度之色。往往给人沉静、神秘、严肃、庄重、含蓄感，也易让人产生悲哀、恐怖、不祥、沉默、消亡、罪恶等消极印象。尽管如此，黑色的组合适应性却极广，无论什么色彩，特别是鲜艳的纯色与其相配，都能令人赏心悦目。但是不能大面积使用，否则，不但其魅力大大减弱，相反会产生压抑、阴沉的恐怖感。

（八）白色

白色给人洁净、光明、纯真、清白、朴素、恬静等感觉。在它的衬托下，其他色彩会显得更鲜丽、更明朗。多用白色还可能产生平淡无味的单调、空虚之感。

（九）灰色

灰色是中性色，其突出的性格为柔和、细致、平稳、朴素、大方、它不像黑色与白色那样会明显影响其他的色彩，因此常作为背景色彩。很多色彩都可以和灰色相混合，略有色相感的含灰色能给人高雅、细腻、含蓄、稳重、精致、文明而有素养的感觉。当然，滥用灰色也易使人产生乏味、寂寞、忧郁感。

（十）土褐色

含一定灰色的中、低明度各种色彩，如土红、土绿、熟褐、生褐、土黄、咖啡、咸菜、古铜、驼绒、茶褐等色，极具亲和性，易与其他色彩配合，特别是和鲜色相伴，效果更佳。它们易使人想起金秋的收获季节，给人成熟、谦让、丰富、随和之感。

（十一）光泽色

除了金、银等贵金属色以外，所有色彩带上光泽后，都有华美的特色。金色富丽堂皇，给人光明、华丽的视觉效果；银色雅致高贵，象征纯洁，比金色温和。它们与其他色彩都能配合。几乎达到"能"的程度。小面积点缀，具有醒目、提神作用，大面积使用则会产生过于炫目的负面影响，显得浮华而失去稳重感。如若巧妙使用、装饰得当，不但能起到画龙点睛的作用，还可以产生强烈的高科技现代美感。

第三章

藏式建筑装饰色彩表现

第一节　建筑装饰色彩发展

一、建筑装饰色彩的意义

建筑是人类改善自身在大自然中生存环境的一种行为手段，是人为的建造构筑，是智慧与劳动的结果。装饰则是人们运用智慧，对建筑所限定的既定空间和构造，运用不同的材料、资源和技术手段，进行科学的、有机的生产加工并排列组合，是对其实用功能、空间分布、能源利用、环境集合、视觉色彩等具象及表征进行全方位的分配、制作、修饰和刻画，是人类为实现特定因素采用特殊手段的刻意行为，是在建筑行为手段基础上的二次创作表达。因此，建筑和建筑的装饰都是人类的主观行为。客观上讲，建筑装饰依赖建筑而生存，建筑则通过装饰来弥补先天的不足或疏漏。装饰可以根据多种特定因素，合理地对建筑进行功能、空间、资源、色彩表征上的分配、制造、细部刻画和修饰，使其与周边环境有机整合，依此最大限度地提升建筑的经济价值并维持其可持续发展性。两者在客观上所存在的共性，决定了它们作为人类思维逻辑、艺术、工程和式样的产物，一种人类在自然界的求生方式，必然受到社会政治、经济、文化体制的制约。在公元前 4000 年左右，古埃及人就创造了人类最早的，堪称一流的建筑艺术和相应的建筑装饰艺术。由此，拉开了建筑与建筑装饰的一脉相承、息息相关的历史帷幕。从古埃及的"台形陵墓"（公元前 4000 年左右）、"雅典卫城"（公元前 437—432）、"帕特农神庙"，到现代化的钢筋混凝土及钢铁结构的宏伟建筑，无不显示着两者相依相存、密不可分的关系。

装饰色彩更多地应用在图案设计、装饰壁画、工艺美术、国画、民间艺术，建筑设计、服装设计、家具日用品等众多方面，可以说在人们生活的所有领域里，它几乎无所不在，与人类的衣、食、住、行息息相关。因此，人们对于装饰色彩最为熟悉，在现代文明中成长起来的人，最早接触的并不是大自然，而是房屋建筑、家具、玩具等生活日用品，人们的色感最初也是通过最早接触的这些物品的色彩而培养出来的。所以，人们对于固有色与装饰色有着某种敏感的直觉，并逐渐发展成为自己的色彩审美情趣和标准，并在不知不觉中形成了许多色彩观念。这些因素既给人们以后学习写生色彩打下了基础，但同时也是许多人在写生色彩训练时，摆脱不掉固有色与装饰概念色影响的重要原因。

二、中国建筑装饰色彩的发展历程

我们的祖先应用色彩较早，从彩陶的出土就可以看出，并在石窟内发现彩画和刻染等，这都说明祖先对色彩的掌握已达到一定程度。随着人类社会的进步，人们居住的条件和环境不断变化，房屋样式和采用的色彩也各不相同：环境色彩逐步成为阶级、政治的工具。

（一）西周建筑色彩应用

西周奴隶主利用色彩作为"明贵贱、辨等级"的工具，维护其统治。春秋时期彩绘装饰有了进一步的发展，不仅在宫殿建筑的柱头、护柱上彩绘山纹，梁上短柱绘藻纹，而且在墙上也有彩绘。当时彩绘的颜色有朱红、青、淡绿、黄、灰、白色、黑色等。

（二）战国时期建筑色彩应用

在战国时期，不但在建筑的木构件上使用了色彩，而且涂上了油漆，这对建筑和建筑色彩都起到了保护作用。秦代彩绘有了进一步发展。

（三）汉代时期建筑色彩应用

汉代发展了周代阴阳五行的理论，运用五种色彩来代表方位。红色代表火，象征朱雀，表示南方；青色代表水，象征青龙，表示东方；黑色代表木，象征玄武，表示北方；白色代表土，象征白虎，表示西方；黄色代表金，象征龙，表示中央。黄色又象征权力，以黄为尊贵，黄色就成为皇帝的专用色。色彩在很长的时间里都带有阶级和等级制度的成分。这一时期建筑的色彩及图案都比较复杂，楼台、宫殿都富丽堂皇。天花为青绿色调，栋梁为黄、红、金、黄色；柱墙为红色。例如，始建于三国时期的黄鹤楼虽历经翻修，但一直保持这一特征（见图3-1）。

图 3-1　武汉黄鹤楼

（四）魏、晋、南北朝时期

魏、晋、南北朝是典型的民族大互动、大迁徙、大融合时期，色彩更加丰富。金色广泛应用，彩画与雕刻的技艺更趋完美，保存下来的石窟和彩画直到现在也给我们以很深刻的印象。这一时期还出现了划时代的琉璃瓦，色彩有黄色和绿色等。

（五）初唐时期

初唐时期的建筑盛行彩画，其配色以朱红和石绿对比为主，多采用深色底浅色花纹或浅色底深色花纹的衬托手法。盛唐时期，广泛应用绿色琉璃瓦来铺设屋顶，晚唐则流行青色琉璃瓦。从汉代到唐代一直采用朱红色来涂饰建筑木结构外漏部分，白色用于涂饰墙面。

（六）宋、辽、金时期

宋、辽、金时期建筑的用色将青绿彩画、白色石阶、红墙和黄瓦等综合考虑，达到和谐的效果。宋代建筑重视色彩的整体构图和局部之间的烘托与对比，集中处理檐下的青绿色彩，突出彩画，注意加强整体感。湖南长沙岳麓书院、北京园博园的对越坊都具有独特风格和较高艺术水平（见图 3-2、图 3-3）。

图 3-2　长沙岳麓书院

图 3-3　北京园博园对越坊

（七）元代

元代建筑色彩进一步发展，琉璃色彩趋向多元化，色彩更丰富，正如马可波罗在游记中对大明殿的记述："顶上之瓦，皆红、黄、绿、蓝及其他诸色，上涂以釉，光辉灿烂犹如水晶，致使远处亦见此宫光辉，应知其顶坚固可以久存不坏。"

（八）明、清时期

明、清时期用色华丽，琉璃制品盛行，颜色丰富，造型生动优美。清代建筑的木构表面多用油彩画来装饰。故宫、颐和园给我们留下宝贵的历史遗产,让我们能直观领略明、清建筑的风采。清代民间建筑色彩多为材料本色,色彩淳朴,宫殿建筑与民间建筑有着鲜明的对比,也表明了封建社会的等级制度森严(见图3-4)。

图3-4　北京颐和园

(九)当代园林建筑色彩

当代建筑呈多样化、个性化、定制化的形式。设计手段、材料的应用不同,建筑外观及室内设计均有所差异,且具有地域特色和文化交融等特点。其中黑白灰一致都是经典又流行的基调,贝聿铭先生设计的苏州博物馆新馆结合了传统的苏州建筑风格,把博物馆置于院落之间,使建筑物与其周围环境相协调。该建筑与苏州传统的城市机理融合在一起,演变成一种新的几何效果(见图3-5)。

图3-5　苏州博物馆新馆"米氏云山"

第二节 西藏建筑装饰色彩表现

建筑就如同一部部时刻的史书，记载着一个民族的文化与精神。藏式传统建筑与其他风格的建筑一样，是劳动人民创造的艺术，是藏族文化的体现，其"自然有机融入建筑，建筑归于自然"的建筑理念，追求人、建筑与自然有机融合，形成共生整体。在这一理念的影响下，藏式传统建筑的选址、建筑材料的选用都很好地适应了雪域高原的自然环境和气候条件，体现了生态与文化统一的思想。

一、西藏建筑风格

西藏建筑风格的形成，不仅受地理及气候因素影响以外，还受到了传统文化的影响，其中佛教文化对建筑的影响尤为深刻。西藏的建筑是中国建筑体系中独具风格的一支。西藏传统建筑种类繁多，有宫殿、民居、庄园等，其建筑形式各异、气势雄伟、结构精美、工艺精湛，具有浓厚的民族风格和地域特色，堪称中华民族建筑艺苑中一朵争奇斗艳、璀璨绚丽的奇葩。藏族传统建筑伴随着社会的发展而发展，充分体现了独具特色的建筑风格和丰富多彩的文化特征（见图3-6、图3-7）。

图3-6 藏式民居建筑样式（林芝市鲁朗镇／现代 李文博拍摄）

图 3-7　藏式现代民居建筑样式（李文博拍摄）

二、传统色彩使用规律

通过对西藏部分区域建筑装饰色彩进行调查，深入了解西藏藏族传统建筑主要使用的建筑外立面色彩构图形式，藏族建筑中主要使用黄、白、红、黑四种颜色，根据建筑的类型可以确定传统藏式建筑中色彩的大致使用定式。以日喀则市部分地方的建筑为例，根据不同建筑类型，建筑装饰色彩使用的位置、面积、比例均不同，如表 3-1 所示。

表 3-1　藏式传统建筑颜色使用规律

颜色＼建筑类型	白	黑	红	黄	灰蓝
其他建筑					少量
萨迦县建筑				无	
定日县建筑			少量	少量	无
南木林县建筑			少量	极少	无

三、各生活区民居色彩表现形式

（一）农区民居色彩表现

西藏农区民居主要根据当地的自然环境以及生产生活实际需要来建造，具有坚固实用、生产生活设施齐备和独特的民族民间装饰色彩较为丰富等特点（见图3-8~图3-12）。

农区最典型的民居建筑样式多是四方形平顶，有一层也有两层楼房，一般上小下大成堡垒形。房屋的建造首先注重的是地基的坚固，由于各地所用建筑材料不同，因此出现了结构上的差异，如卫藏石料资源丰富，城镇民居大都采用石木混土结构，具有坚固、冬暖夏凉的优点。

图 3-8　农区民居及色彩应用——山南市扎囊县

图 3-9　日喀则市贡觉林卡公园（现代）

图 3-10　民居建筑室内柱式色彩应用

图 3-11　民居建筑门饰色彩应用

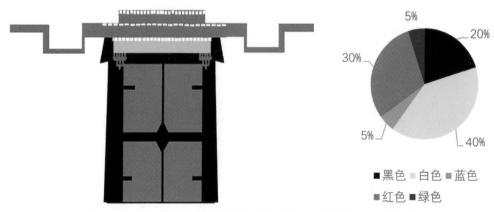

图 3-12　日喀则市江孜县民居构图形式及色彩运用形式表达样式

白色外表给人印象深刻，大小门窗要涂成黑色边框。民居大门顶端一般都是塔形门墙，门框使用三至四条不同色彩或图案装饰，在门框两边画着各种漂亮的吉祥图案的门枋，民居大门一般为黑色，正中上方绘有日月、"雍仲"等图形。卫藏民居女儿墙装饰有两种，一种是在女儿墙下排放木制红色埤坝，用红色木条作为墙端装饰；另一种在女儿墙下设双层埤坝和棕红木条，并在两层之间一米左右宽的空间涂上黑色，然后画上由白色圆点组成的三角形或日月图案。

西藏民居的室内装饰一般根据各自家庭的情况来定，大多选择鲜艳的色彩或复杂的图案，就连现代建筑材料也要在上面涂上艳丽的色彩并画上各种各样传统图案。晾台是居室内重要的场所，相当于客厅，墙壁四周同样涂成上下两种颜色，并在两色之间画上三色彩带，但所用色彩相对比较朴素。在周围墙壁上还会绘制丰富的图画，其中"和睦四瑞"（即大象、猴子、山兔和鹧鸪鸟）和"六长寿"（即长寿岩、长寿人、长寿水、长寿树、长寿鹤和长寿鹿）最为常见。

（二）林区民居色彩表现

由于雨水多，又有丰富的林木资源，因此，当地藏族同胞往往因地制宜，就地取材，修建住宅。林区民居基本都是木架结构和石木结构的两层楼房，下层木柱支撑空间，墙壁用石块筑成，作为家畜圈房；楼上为木架结构的板房，八字形屋顶，顶部采用一种刀斧劈成的木板连接覆盖，并在上面压上石头，这样既减少了重量也有很好的利水作用。由于林区都比较潮湿，所以底层一般用石头砌垒。林区民居的装饰相对比较精致，色彩也简洁明快（图3-13）。

图 3-13 林芝鲁朗镇现代商住两用建筑（李文博拍摄）

　　林芝传统民居住宅一般朝阳背阴，而且往往建在离水较近、地势比较高的地方，他们大多会选择建一套独立的院落，院子内部大多由居室（兼厨房）、贮藏间、牲畜间和外廊、厕所等部分组成。居室内往往以炉灶为中心，四周布置床和其他家具。整个院落，生产生活的各个方面都被照顾到，功能非常全面。

　　林芝工布藏族的传统民居建筑有一个专门的名称，叫"碉房"。它以石木结构为主，采用石块砌墙和木质梁架相结合的方式建成，特别有田园风味。碉房一般呈长方形，建筑风格以古朴、粗犷为主。装饰元素非常丰富，整个建筑的各个部分，如梁柱、窗户等大多会精雕细刻，并涂以色彩丰富的颜料，而墙壁上则多以精美壁画作为装饰，既具有民族特色，又美观实用。随着社会经济的发展，林芝工布民居既有传统民居元素也有现代设计手法，色彩应用更加鲜明、大胆，具有丰富的地方特征（见图3-14）。斗拱图案色彩装饰多以吉祥纹样、植物纹样为主，有刻卷草及飞天等纹样，下边缘一般都是类似云纹的曲线（见图3-15）。

图 3-14　林芝民居及色彩应用

图 3-15　林芝民居传统斗拱装饰及色彩应用

柱头装饰包括柱头、斗拱、大梁等部位的雕刻、彩绘，藏族居室中柱子、横梁位置显要，常绘以典型的"十相自在""四季花"和一些非典型的花纹、草木、祥云等图案，常用蓝、绿、红、黄几种颜色带进行装饰，给人富贵、绚丽之感，同时又寓意蓝天、土地和大海。

林芝是多民族聚居地区，藏族、门巴族、珞巴族民居各具特色，门巴族、珞巴族民居常以栏杆式结构，纯原木搭建而成，虽然色彩的选择和应用上没有藏式民居装饰元素丰富，但整体风格更亲近自然化（见图3-16）。

图3-16 米林市珞巴族民居及色彩应用（现代）

民居建筑中，色彩的轻重感运用到位，白色是建筑色彩构成的主要部分，黑色将冷暖色块分割、链接起来，对整个建筑起到间隔作用，同时又使整个色调有稳定感。红色、蓝色、土黄色在建筑中不以大色块出现，只用于门窗、椽头图案装饰色彩，相对于山南、日喀则传统建筑装饰色彩来说，林芝的传统建筑色彩更加丰富，复色、间色大范围出现，如土黄、浅蓝、湖蓝、群青、淡绿、翠绿等色（见图3-17），与周围苍穹碧绿的山林融为一体。

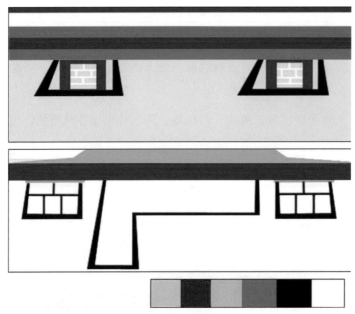

图 3-17　民居建筑色彩构成样式及色彩应用

（三）牧区帐篷色彩表现

在西藏高海拔地段，牧民多以牛毛帐篷作为住房，藏北牧区的帐篷主要有"黑帐"（牛毛帐篷）、"白帐"（羊毛帐篷）、"黑顶"或"花帐"（厚布帐篷）和"布帐篷"等类别，其中"黑帐"与人们的生产和生活关系最密切。帐脊中央高近 2m，两边倾斜及地，以绳系于桩上，多为黑色帐篷，四周用少许草饼或粪饼垒成墙垣，以避劲风入帐。帐篷一方设门，门上悬有护幕，帐顶上顺脊处开一长方形天窗，作入光、排烟之用，与周围环境融为一体，体现了自然与建筑原始的融合（见图 3-18）。

图 3-18　牛毛帐篷及色彩表现（近代）

四、当代西藏建筑装饰色彩应用

　　随着西藏社会经济的发展，西藏建筑及装饰也发生了变化，现代建筑材料随着经济发展和社会交流也广泛应用，如混凝土、玻璃、彩钢板、铝合金、轻钢等新型材料使用范围越来越广，对西藏建筑及装饰特色传承与保护具有深远意义。

　　在现代建筑中，墙体没有明显的收分，窗户的瞭望功能作用明显弱化，只是起到采光作用。红色系、白色系、黄色系、蓝色系、绿色系的装饰色彩使用范围最大，白色一般在墙体中使用，且面积最大（见图3-19~图3-22）。

图3-19　西藏博物馆（现代）

图3-20　藏东南文化遗产博物馆（现代）

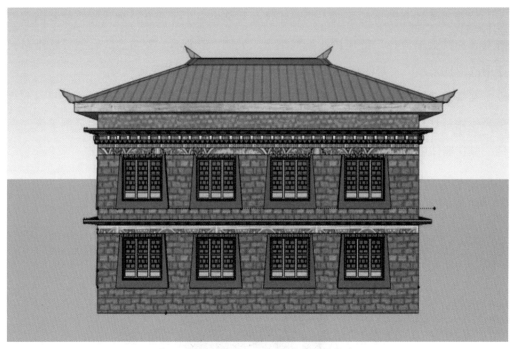

图 3-21　林芝市民居建筑样式（现代）

图 3-22　日喀则市民居建筑样式（现代）

第四章

植物景观色彩
应用及设计

第一节　景观植物的色彩分类及意义

在景观植物诸多因素中，色彩作为表象因素最引人注目，给人的感受也最深刻。色彩的作用多种多样，色彩予环境以性格：冷色创造了一个宁静的环境，暖色营造了一个喧闹的环境。色彩的不同运用会造成不同的园林风格：西方园林色彩浓重艳丽，园林风格热烈奔放；东方园林色彩朴素合宜，园林风格恬淡雅宜，含蓄隽永。色彩有一种特殊的心理联想，久而久之，则几乎固定了色彩的专有表达方式，逐渐建立了色彩的各自象征。有时，一种色彩在世界范围内有其共同的象征；有时，其所象征的东西因民族的习惯、自然环境、社会制度、文化背景的不同而有很大的差异。了解色彩的心理联想及象征，有助于创造出符合人们心理的，在情调上有特色的植物景观。

现在生活中彩色植物越来越多地被运用在园林配置中，运用形式多种多样，如模纹花坛、花境、四季花廊等。但在配置植物种类时，人们往往只注重植物配置时的意境、群落性、层次性、季节性和空间感，而忽视了植物色彩本身对人的直观的生理和心理感受。其实，植物色彩是园林植物景观的重要观赏特征之一，是最能被人感受到的因素，具有第一视觉特性。许多研究证明，植物和植物景观对人的生理和心理都有着积极的影响，如帮助释放压力、缓解疲劳、提高工作效率、有助于病人的康复以及增强人的幸福感等。将植物色彩理论和园林植物配置相结合，并应用其来调节人的生理和心理的变化，对现在处于高压生活和多数亚健康状态的人具有重要意义。

第二节　植物色彩

在视觉艺术中，色彩总是给人留下深刻的第一印象。人们在观察植物时，夺人眼球的往往是色彩，其次是植物的形态，最后是植物本身的质感和细节。在景观设计中，色彩作为园林植物最主要、最直接的观赏特性之一，在植物配置中起着至关重要的作用，是构成园林美的重要角色。

色彩在草本植物和木本植物中的表现各有特色。在草本植物中，绚丽多彩的颜色被大自然赋予了花卉，深浅、明暗不同的绿色在草坪植物中铺展开来。在木本植物中，色彩在植物花、叶、果、枝干等部分均有不俗的表现，各类观花、观叶、观果、观枝干的乔、灌木被广泛应用于园林景观设计之中。

一、植物色彩的来源

（一）花

花色是呈现植物色彩的主要途径，不同植物花朵内的色素成分和比例不同，使得花色各异，从而形成五彩缤纷、万紫千红的植物花色世界。造就植物花色最主要的色素是花青素，它分布在植物细胞的液泡内，在液泡不同的 pH 值条件下，控制花朵红、紫和蓝等颜色变化。在酸性液泡中，花青素呈现红色，酸性愈强，颜色愈红；在碱性液泡中，它呈现蓝色，碱性较强时会成为蓝黑色；在中性液泡中，它则呈现为紫色。牵牛花的花色可以一日三变（粉红→紫红→蓝色），便是花瓣表皮细胞液泡的 pH 值发生变化，花青素随之变化所造成的。除花青素外，类胡萝卜素是广泛存在于花瓣中的另一类色素，不同种类的类胡萝卜素可使花朵呈淡黄、橙黄、橙红等黄色系色彩。若细胞液内不含色素花朵呈现为白色，绿色花朵则是因为花朵细胞中含有叶绿素。此外，类黄酮、醌类色素、甜菜色素等也会影响花朵颜色。

（二）叶

叶是多数植物最大的主体，叶色的季相变化是园林景观极具动态美的风景。根据植物季节变化的特点可将彩叶植物分为常色叶植物、春色叶植物和秋色叶植物。常色叶植物一年四季叶片颜色均为绿色以外的颜色；春色叶植物主要在春季呈现出不同于绿色的色彩，其他季节叶片为绿色；同理，秋色叶植物在秋季呈现其他色彩，其余季节则为绿色。通常植物叶片细胞中叶绿素比类胡萝卜素多，所以绝大部分植物叶片呈现绿色。植物叶片细胞中叶绿素与类胡萝卜素的含量和比例不同，叶片所呈现的绿色深浅不一。植物叶片细胞中的花青素和甜菜素是造就常色叶植物的主力军，在常色叶植物的整个生长周期内，植物叶片细胞中花青素或甜菜素含量都相对较高且固定。当色素含量在植物整个生命周期内，会随着季节的温度、湿度、光强、光照时间等的变化而发生变化时，春色叶植物和秋色叶植物也就应运而生。

根据植物叶片颜色，可将植物分为单色彩叶、双色彩叶和镶边彩叶三类。单色彩叶植物叶片呈现同一色彩，双色彩叶植物叶片呈现两种颜色，镶边彩叶植物叶片中心和周边颜色存在差异。

（三）果

不少植物因其果实形状奇特、色彩绚丽，作为秋季景色的重要补充，常被运用于园林景观设计。影响果实色彩呈现的色素主要有三类：叶绿素、类胡萝卜素和花青素。通常幼果期果色主要受叶绿素和类胡萝卜素影响，且绝大多数果实叶绿素含量最多，因此果皮多呈绿色。随着果实逐渐成熟，叶绿素在水解酶的作用下逐渐分解消失，类胡萝卜素形成且含量增加，花青素大量生成累积。果实成熟时，果实底色主要由类胡萝卜素构成（还有部分未分解完全的叶绿素），花青素构成了果实的表色，类胡萝卜素和花青素成为影响果色最主要的色素，使果实呈现特有色彩。

（四）枝干

植物枝干的色彩虽不如丰富多彩的花色和变换灵动的叶色引人注目，却是完善园林景观色彩空间层次不容忽视的。尽管在人们的印象中，植物枝干常是灰黑暗淡的色调，但枝干色彩极具观赏性的植物不在少数。例如，枝干呈白色系的白皮松、二球悬铃木、白桦、银白杨等；枝干呈红色系的红端木、柽柳、血皮槭、红桦等；枝干呈黄色系的金枝国槐、金丝垂柳、花毛竹、黄秆乌哺鸡竹、金枝梾木、黄端木等；枝干呈紫黑色的紫竹等。

二、植物色彩的季相变化

季相是一年中植物随季节变化在叶、花、果、枝干、树皮等部位所呈现出的不同外貌特征，主要体现在形状和色彩的变化。植物往往在开花、结果、叶片和枝干颜色转变时具有较高的观赏价值。四季流转，植物在其物候进程中的色彩更迭变换形成了不尽相同的植物景观，是体现园林景观生命动态的绝妙形式。植物季相变化所呈现出的独特色彩形式将园林美术效果体现得淋漓尽致，是目前营造园林景观的重要手段，也是实现园林艺术效果的重点环节。

第三节 景观植物的色彩表现

一、植物色彩搭配知识

红、黄、蓝是色彩三原色，园林中常用三原色造景，体现热带风光。三原色两两混合而成二次色，又称"三补色"，即橙、绿、紫，互补色具有强烈的对比效应，起突出与强调作用，如绿叶红花。用一种原色与一种二次色混合而成三次色，如橙红、橙黄、黄绿、蓝绿、蓝紫等，三次色与原色、二次色之间均可以获得调和的效果。色彩的三要素，即色相、明度、彩度。色相指植物反射阳光所呈现的颜色，如红绿橙等。明度指植物颜色的明暗程度，白色最亮，黑色最暗，明度等级高低依次为白、黄、橙、绿、红、蓝、紫、黑。彩度指植物颜色的浓淡或深浅程度，也称"纯度"或"饱和度"，艳丽的色彩饱和度高，如红色，其次是紫、黄、绿、蓝等，白色、黑色无彩度。

二、自然界植物色彩的表现

（一）红色

红色是令人激动的颜色，能使景观显得活泼、丰富，富有戏剧性。当我们提到红色时，常联想到一个整体的红色调。其实，它可以细分为偏暖的红色调，如猩红色和朱红色；偏冷的红色调，如深红色、樱桃红色和紫红色。将两种类型的红色配置在一起，也会产生强烈的效果。

1. 寓意

红色是血与火的颜色，充满刺激性，令人振奋。它意味着热情、奔放、喜悦、活力，给人艳丽、芬芳、甜美、成熟、青春和富有生命力的感觉。在我国，红色被视为喜庆色，象征美满、吉祥和尊严，礼仪、庆典和各种民俗文化中多用红色。自然界中20%的花属于红色系。红色花朵掺杂在其他枝叶和背景、前景中时，易对游人产生强烈的刺激。

2. 红色花系的园林植物

常见的有海棠花、樱花、合欢、木瓜、木槿、紫薇、红花檵木、蔷薇、月季、石榴、山茶、杜鹃、牡丹、锦带花、猥实、红花夹竹桃、木棉、凤凰木、刺桐、龙牙花、悬铃花、贴梗海棠、天竺葵等（见图4-1、图4-2）。

图4-1　贴梗海棠

图4-2　天竺葵

（二）黄色

黄色作为主要的原色之一，在与比它弱的颜色相配时会突出，而与比它强的颜色搭配会形成强烈对比，同时，黄色是除绿色之外，植物最普遍的颜色，黄色系花常用于堤岸、慢坡景观。

1. 寓意

黄色明亮，象征太阳的光源，常给人光明、辉煌、柔和、纯净、活跃、轻快、崇高、神秘、华贵等感觉。

在自然界中，有28%左右的花属于黄色系，而且多数花都有香气，如蜡梅、桂花、米兰、黄兰、木香等，这些黄色的花给人温馨感。在园林中，明快的黄色有独特的作用，幽深浓密的风景林使人产生神秘和胆怯感，不敢深入，如在林中空地或林缘配置一株或一丛秋色或春色为黄色的乔木或灌木，诸如银杏、桦木、无患子、黄刺玫、棣棠等，即可使林中顿时明亮起来，而且在空间感中起到小中见大的作用。

2. 黄色花系的园林植物

常见的有蜡梅、染料木、连翘、迎春、金钟花、蜡瓣花、金丝桃、金露梅、金缕梅、黄蝉、黄杜鹃、大花三色堇、旱金莲、大花黄牡丹等（见图4-3~图4-5）。

图4-3　大花三色堇

图 4-4　旱金莲

图 4-5　大花黄牡丹

（三）蓝色

自然界中，真正开蓝色花的植物很少。尽管植物育种家为此做出了巨大的努力，但真正的蓝色花品种同样稀少，许多植物被描述为有蓝色的花或叶，实际上多少都带有其他颜色。

1. 寓意

蓝色是天空与海洋的颜色，给人深远、清凉、宁静的感觉。蓝色是典型的冷色和沉静色，在园林中，蓝色系植物宜用于安静休息区和老年人活动区。园林植物中开蓝色花的不多，深蓝的尤少，开花期多在夏季。

2．蓝色花系的园林植物

常见的有飞燕草、乌头、风信子、耧斗菜、马蔺、八仙花、鸢尾、蓝花楹、婆婆纳、砂生槐等（见图4-6）。

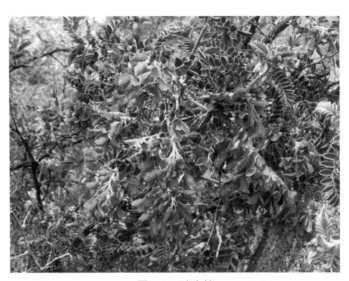

图4-6　砂生槐

（四）白色

白色植物应用广泛，因为它们不仅单色配置效果优美，又易与其他颜色的植物搭配成景。许多植物具有白色的花，也有些植物具有白色的茎干、荚果、叶子。白色的自然亮度使其极易从任何背景中跳跃而出，因此，开白色花的植物在多色植物配置中易成为视觉焦点。

1．寓意

白色象征着纯粹和纯洁。白色的明度最高，人看到白色易产生纯净、清雅、神圣、舒适、高尚、无邪的感觉，使人肃然起敬。白色可使其他颜色淡化，给人协调感，如在暗色调的花卉中混入大量白花，可以使色调明快起来；在色彩对比过强的花卉配置中加入白色，可使对比变得缓和。单独成片的白花有时因过于素雅而有冷清甚至孤独、肃然之感。

2．白色花系的园林植物

常见的有白玉兰、鹅掌柴、灯台树、马醉木、白丁香、白檀、白花山桃、白花山碧桃、香荚蒾、欧洲荚蒾、山梅花、珍珠梅、绣线菊属、白兰、白玉棠、八角金盘、茉莉、金银木、丝兰、玉簪、晚香玉、曼陀罗、蔷薇等（见图 4-7、图 4-8）。

图 4-7　曼陀罗

图 4-8　蔷　薇

（五）绿色

绿色像缓冲剂一样，可缓和对比色所产生的过度跳跃的效果，如果在植物配置中，在洋红和橙色植物混合时加入大量的绿色，就可以产生出奇的效果。

1. 寓意

绿色兼备了蓝色的深远和黄色的明快感，是生命的颜色。人们在心理上对绿色的感应是和平、安定、清新、充满活力、丰满而有希望。绿色是大自然中隽永的底色，或称"基调"，大自然辽阔的地面正是统一在它的基调之中。

大自然赋予了植物叶片丰富多变的绿色，如浅绿、嫩绿、鲜绿、浓绿、黄绿、褐绿、蓝绿、墨绿、灰绿等。将不同绿色的植物搭配在一起，能形成美丽的色感。植物的花色和秋色叶虽丰富多彩，但观赏期较短，因此，植物景观设计中，不同绿色调的巧妙布置是较为明智的做法。

2. 经典造园绿色开花植物

欧洲木绣球、双色凤梨百合、郁金樱等（见图4-9）。

图4-9　郁金樱

（六）紫色

紫色是园艺师常用的一种颜色，透露着神秘，由温暖的红色和冷静的蓝色叠加而成，属于二次色。在我国古代，紫色是尊贵的颜色，如北京故宫又被称为"紫禁城"，另外，也有"紫气东来"的说法，表示祥瑞。

1. 寓意

紫色通常给人优雅、高贵、自傲、神秘、压迫、浪漫等感觉。

2. 紫色开花植物

绣球花、百子莲、紫芳草、匍匐筋骨草、飞燕草、紫色桔梗花、紫露草、龙胆、喜林草、勿忘草、蛇鞭菊、葡萄风信子、玻璃苣、美女樱、薰衣草、风铃草、矢车菊、假连翘、地中海蓝钟花、三角梅、紫丁香等（见图 4-10、图 4-11）。

图 4-10　三角梅

图 4-11 紫丁香

三、色彩情感与植物景观设计

色彩因搭配与使用的不同，会对人产生不同的影响，一个空间所呈现的气氛、立体感、大小比例等都可以因为色彩的不同运用而显得突出或模糊。因此，在植物景观设计中应理解熟悉这种色彩情感，并按照色彩的特定情感加以选择与应用。

（一）色彩的温度感

红、橙、黄等暖色系给人温暖、热闹感，蓝、蓝绿、蓝紫、白色等冷色系给人冰凉、清静感，紫与绿属中性色，观赏者不会产生疲劳感，相反红色极具注目性，应用过多易使人疲劳。对设计者来说，不仅要了解色彩的温度感，而且应根据园林绿地功能要求和环境条件选择冷暖不同的色彩，以收到理想的效果。如在春秋和寒冷地带宜多用暖色植物，在夏季或炎热地带宜多用冷色植物，以适应和平衡人们的心理特点。

（二）色彩的运动感

暖色伴随的运动感强，给人兴奋感，而冷色给人宁静感。因此，在节日期间，以及运动性场所、文娱活动场地、公园入口或重点地段，布置暖色调植物景观以表达热闹活跃的气氛。冷色系的蓝、白色、绿色等，通常用于安静环境的创造。如在林中、林缘、草坪、休闲广场，应用冷色花卉，结合设置溪流、水池，给人恬静舒适之感。

（三）色彩的距离感

暖色有接近观赏者的感觉，而冷色有远离感，同一色相，纯度大的则近前，纯度小的则退远，明色调近前，灰色调退远。园林中可用色彩的距离感来加强风景景深层次，如做背景的树木宜选用灰绿色或蓝灰色植物雪松、毛白杨，而前景可用红枫、金叶桧，从而拉开景深层次。在小庭院空间中用冷色系植物或纯度小、体量小、质感细腻的植物，以削弱空间的挤塞感。

（四）色彩的重量感

色彩的轻重受明度与纯度的影响，色彩明亮感觉轻，色彩明度低感觉沉重；同一色相纯度高显轻，纯度低显重。建筑物基部一般为暗色，其基础栽植也宜选用色彩浓重的植物，如红色的月季，深绿的珊瑚树、麦冬、山茶，以增强建筑的稳定感。在插花艺术中色彩的重量感表现尤其突出，上轻下重，重心要稳当。

第五章

园林景观设计中的
色彩表达与应用

第一节　园林色彩构图

　　园林的色彩布局在园林景观设计中是一项很重要的工作，园林色彩构图包括天空、水面、自然山石的色彩，建筑物、道路、广场、雕塑以及人工山石的色彩。人们对色彩的感觉包括色彩的冷暖感、色彩的轻重感、色彩的距离感、色彩的兴奋和沉静感、色彩的明暗感、色彩的疲劳感、色彩的面积感等，是极复杂的，这与园林景观色彩构图关系密切，我们必须对它们要有所了解。

一、色彩的感觉

　　除了第四章提到的色彩的温度感、色彩的运动感、色彩的距离感、色彩的重量感外，我们也需要对色彩的面积感和色彩的心理联想有一定的了解。

（一）色彩的面积感

　　一般橙色系给人一种扩大的面积感，青色系给人一种收缩的面积感，另外，亮度高的色相面积感大，而亮度弱的色相面积感小，同一色相，饱和的较不饱和的面积感大，如果将两种互为补色的色相放在一起，双方的面积感均可加强。

　　色彩的面积感在园林中应用较多，在相同面积的前提下，水面的面积感最大，草地的面积感次之，而裸地的面积感最小，因此，在较小面积园林中，设置水面比设置草地可以取得扩大面积的效果。在色彩构图中，多运用白色和亮色，同样可以产生扩大面积的错觉。

（二）色彩的心理联想

　　联想可分为具象联想、抽象联想、共感联想三种。

　　色彩的具象联想是指由色彩的刺激而联想到某些具体事物。如蓝色使人想到天空、海洋，白色使人想到白云、闪电，红色使人想到太阳、火焰。

色彩的抽象联想是指由色彩感觉所引起的情感和意象的联想，如绿色使人联想到生命、和平，红色使人联想到革命、热情或危险，蓝色使人联想到博大、智慧或冷淡、薄情，白色使人联想到纯洁、神圣等。

共感联想指色彩视觉引导出其他领域的感觉，如暗红色引导出低沉嘶哑声的色听联想；浊红色引导出噪声、苦闷嗡嗡声的色听联想；纯黑色引出沉重、浑厚幽深的色听共感联想。另外，不同的经历、习惯等也会导致形成不同的色彩联想。

色彩表现的情感及相关的植物举例如下。

1. 红色

红色给人艳丽、芬芳和成熟的感觉，极具注目性、透视性和美感。红色系观花植物有月季、红花夹竹桃、红花紫荆、木棉、凤凰木、花红美人蕉、三角梅等，秋色为红色叶植物有枫香、乌桕、杨树、山麻秆等。

2. 橙色

橙色具有明亮、华丽、健康、温暖的感觉。橙色系观花植物有菊花、金盏菊、旱金莲、孔雀草、万寿菊等。

3. 黄色

黄色明度高，给人光明、辉煌、灿烂、柔和、纯净之感，象征着希望、快乐和智慧。黄色系观花植物有黄叶假连翘、黄花夹竹桃、黄花美人蕉、菊花、金鱼草等。叶具黄色斑纹植物有变叶木、金脉爵床、花叶艳山姜等。黄色干皮植物有黄金间碧玉竹等。

4. 绿色

绿色是自然界中最普遍的色彩，是生命之色，象征着青春、希望和和平，给人宁静的感觉。绿色调因其深浅程度不同又分为嫩绿、浅绿、鲜绿、浓绿、黄绿、蓝绿、墨绿、灰绿等，不同的绿色调合理搭配，具有很强的层次感。

5. 蓝色

蓝色为典型的冷色和沉静色，给人寂寞、空旷的感觉。在园林中，蓝色系植物用于安静处或老年人活动区。蓝色系观花植物有瓜叶菊、风信子、蓝花楹等。

6. 紫色

紫色乃高贵、庄重、优雅之色，明亮的紫色令人感到美好和兴奋，高明度紫色象征对光明的理解，宜营造舒适的空间环境氛围；低明度紫色与阴影和夜空相联系，具有神秘感。紫色花系植物有紫藤、紫荆、石竹、美女樱等。

7. 白色

白色象征着纯洁和纯粹，明度最高，给人明亮、干净、清澈、坦率、朴素、纯洁、爽朗的感觉。白色花植物有白玉兰、白花夹竹桃、刺槐等，白色干皮植物有柠檬桉、白皮松、白秆竹等。

二、色彩的空气透视与色彩透视

空气透视，是由于大气及空气介质（雨、雪、烟、雾、尘土、水汽等）使人们看到近处的景物比远处的景物浓重、色彩饱满、清晰度高等的视觉现象。又称"色调透视""影调透视""阶调透视"。如近处色彩对比强烈，远处对比减弱，近处色彩偏暖，远处色彩偏冷等，故空气透视现象又被称为"色彩透视"。

色彩的明度、纯度、彩度，由于空间距离的拉大而逐渐降低和变灰。近处的色彩、色相标准、清晰，远处的模糊，暖色逐渐变冷变灰，冷色逐渐变暖变灰。因此，近处的色冷暖对比强，远处的色冷暖对比弱，最远处冷暖不分而成为一片蓝灰色。

三、园林色彩构图的组成

（一）天然山水和天空的色彩

在园林设计中，天然山水和天空的色彩不是人们能够左右的，因此一般只能作指导使用。天空的色彩在早晚间及阴晴天是不同的，一般早晨和傍晚天空的色彩比较丰富，可以将朝霞和晚霞作为园林中的借景对象，还可以用天空来增强一些高大的主景背景的景观效果，如青铜塑像、白色的建筑等。

园林中的水面颜色与水的深度、水的纯净程度、水边植物、建筑的色彩等关系密切，特别是受天空颜色影响较大。水面映射周围建筑及植物的倒影往往可以产生奇特的艺术效果，因此，在以水面为背景或前景布置主景时，应着重处理主景与四周环境和天空的色彩关系，另外要注意水的清洁，否则会大大减弱风景效果。

（二）园林建筑构筑物的色彩

构筑物是园林要素之一，虽然其在园林中所占比例不大，但与游人关系密切，其色彩在园林构图中起着重要的作用。构筑物大都是人造的，其色彩可以控制，但其色彩设置一般要注意以下几点。

（1）结合气候条件设置色彩，南方地区以冷色为主，北方地区以暖色为主。

（2）考虑群众爱好与民族特点，例如南方有些少数民族喜好白色，北方某些地区的群众喜欢暖色。

（3）与园林环境关系既协调，又有对比，例如布置在园林植物附近的构筑物，其色彩应以对比为主，而在水边和其他建筑旁边的构筑物色彩应协调。

（4）与建筑物的功能相统一，具有休息性的构筑物的色彩应给人宁静感，而具有观赏性的构筑物的色彩应醒目。

道路及广场的色彩多为灰色及暗色，其色彩是由建筑材料本身的特性决定的，但近些年来，人工制造的地砖、广场砖等色彩多样，如红色、黄色、绿色等，将这些铺装材料用在园林道路及广场上，丰富了园林的色彩构图。一般来说，道路的色彩应结合环境设置，不宜突出，在草坪中的道路可以选择亮一些的色彩，而在其他地方的道路应以温和、暗淡色为主。

（三）园林植物的色彩

在园林色彩构图中，植物是主要的成分，植物的确可以将世界点缀得很美，但植物在园林中要发挥其丰富的色彩作用，还必须与周围其他建筑与环境相融合。因此，把众多的植物种类合理地安排于园林中，创造秀丽的园林景观效果，是设计者必须注意的问题。园林植物色彩构图的处理方法有：单色处理、多种色相组合、两种色彩组合、类似色组合。

（四）园林植物配色的方法

植物色彩构图的原则有主题基调原则、季相原则、环境色调协调原则。

1. 单色处理

以一种色相布置园林，但以个体的大小、姿态形成对比，例如绿草地中的孤立树，虽然同为绿色，但在形体上是存在对比的，因而取得较好的效果。

另外，在园林中的块状林地，虽然树木同为绿色，但有深绿、淡绿及浅绿等之分，同样可以营造出和谐的气氛。园林中常用片植方法栽植一种植物，如果是同一种花卉且颜色相同，便没有对比和节奏的变化。因此，常将同一种花卉不同色彩的花种植在一起，形成类似色，如金盏菊中的橙色与金黄色品种配植、深红的月季与浅红色的月季配植等，这样可以丰富色彩。

在木本植物中，阔叶树叶色一般较针叶树要浅，而在不同的季节，特别是秋季，阔叶树中的落叶类的叶色有很大变化。因此，在园林植物的配植中，要充分利用这富于变化的叶色，从简单的组合到复杂的组合，创造丰富的植物色彩景观。

2. 多种色相组合

多种色相组合的植物群落给人一种生动、欢快、活泼的感觉，如在花坛设计中，常将多种颜色的花搭配起来，营造出一种欢快的节日气氛。

3. 两种色彩组合

两种色彩组合，一般常是两种对比色的应用，如红与绿。在绿色中，浅绿色受光落叶树前宜栽植大红的花灌木或花卉，对比鲜明，例如红碧桃、红花美人蕉、红花紫藤等。草本花卉中，常见的同时开花的品种配合有玉簪花与绥草、桔梗与黄波斯菊等。

两种色彩的配合，还包括邻补色对比的应用，可以产生活跃的色彩效果，金黄色与大红色、青色与大红色、橙色与紫色的配合均属此类型。

4. 冷色花与暖色花

暖色花在植物中较常见，而冷色花则相对较少。一般来说，夏季炎热地区要多用冷色花卉，常见的夏季开花的冷色花卉有矮牵牛、桔梗、蝴蝶豆等。但夏季冷色花的选择面相对较窄，可以用一些中性的白色花来代替冷色花，效果也是十分明显的。

5. 夜晚植物配植

一般在月光和灯光照射下的植物，其色彩会发生变化，比如月光下，红色花变为褐色，黄色花变为灰白色。因此，在晚间，植物色彩的观赏价值会降低。为了使月夜景色迷人，可采用具有强烈芳香气味的植物，使人真正体会到"疏影横斜水清浅，暗香浮动月黄昏"的动人意境。

可选用的植物有晚香玉、月见草、白玉兰、含笑花、茉莉、瑞香、丁香、蜡梅等，这些植物一般布置于小广场、街心花园等夜晚游人活动较集中的场所。

（五）园林整体景观配色

在园林色彩构图中，植物要发挥其丰富的色彩作用，还必须与周围其他建筑与环境融合，与建筑物的性质、风格和色泽相得益彰，巧妙配置，相互借景，相互衬托。例如园林中以白墙为背景，假山和植物为前景，通过色彩的构图使景观更生动（见图 5-1）。

图 5-1 个园

第二节　色彩在园林设计中的应用

一、色系的应用

（一）暖色系的应用

暖色系的色彩，波长较长，可见度高，色彩感觉比较跳跃，是一般园林设计中比较常用的色彩。暖色系主要指红、黄、橙三色以及这三色的邻近色。红、黄、橙色在人们心目中象征着热烈、欢快等，在园林设计中多用于一些庆典场面。如广场花坛及主要入口和门厅等环境，给人朝气蓬勃的欢快感。暖色有平衡心理温度的作用，因此宜于在寒冷地区应用。

暖色不宜在高速公路两边及街道的分车带中大面积使用，因为红、黄、橙色可见度高，易分散司机和行人的注意力，增加事故率。

（二）冷色系的应用

冷色系的色彩主要是指青、蓝及其邻近的色彩。由于冷色光波长较短，可见度低，在视觉上有退远的感觉。在园林设计中，对一些空间较小的环境边缘，可采用冷色或倾向于冷色的植物，能增强空间的深远感。在面积上冷色有收缩感，同等面积的色块，在视觉上冷色比暖色面积感觉要小，在园林设计中，要使冷色与暖色获得面积同大的感觉，就必须使冷色面积略大于暖色。冷色能给人宁静和庄严感。

在园林设计中，特别是花卉组合方面，冷色也常常与白色和适量的暖色搭配，能营造明朗、欢快的气氛。如在一些较大的广场中，有些草坪、花坛等处多有应用。冷色常给人降温的感觉，在炎热的夏季和气温较高的地方，冷色会给人凉爽的感觉。

（三）对比色的应用

通常来说，和谐的色彩是一种色彩中包含另一种色彩的成分，例如红与橙，橙与黄，黄与绿，绿与蓝，蓝与紫，紫与红。也就是说，在色盘上相邻的色彩是和谐的色彩。

在色相环中，相对的色为对比色，红与绿、黄与紫、蓝与橙则为对比色。它们的对立性促使对比双方的色相更加鲜明，如红色与绿色搭配，红色显得更红，而绿色则显得更绿，它们的性质虽然截然相反，但在视觉上却相辅相成。在传统的种植设计中用得较多的一种配置手法就是桃红柳绿，水边种柳，柳边植桃，以柳为背景。

在园林设计中，对比色适宜用于广场、游园、主要入口和重大的节日场面，利用对比色组成各种图案和花坛、花柱、主体造型等，能显示出强烈的视觉效果，给人欢快、热烈的感觉。黄色与蓝色的三色堇组成的花坛及橙色郁金香与蓝色的风信子组合成的图案等都能呈现出很好的视觉效果。

在补色对比中，还有不同的明度和纯度的对比，不同在于面积的对比。在园林设计中，特别是植物花卉组合中应用较广泛。补色对比的运用在园林植物造景中表现得尤为突出，"万绿丛中一点红"的园林景观即该方式的具体体现。在大面积的绿色空间内点缀小体量的红色品种，形成醒目明快、对比强烈的景观效果。这些红色品种有常年树叶呈红色的红叶李、红叶碧桃、红枫、红叶小檗、红花檵木等，以及在特定时节红花怒放的花木，如春季的贴梗海棠、紫荆，夏季的花石榴、紫薇，秋季的木槿、一串红等。

（四）同类色的应用

同类色是色相差距不大，比较接近的色彩。在色轮表中指各色的邻近色，属于弱对比。如红色与橙色、橙色与黄色、黄色与绿色等。同类色也包括同一色相内深浅程度不同的色彩。如深红与粉红、深绿与浅绿等。这种色彩组合在色相、明度、纯度上都比较接近，因此容易协调。在植物组合中，能体现其层次感和空间感，在心理上能产生柔和、宁静的高雅感觉，如在湖边种植高大的绿色植物，植物的绿色与湖水的蓝色相衬，给游人创造一个清新、宁静的游憩环境。

同类色也常应用在一些花坛培植中，如从花坛中央向外色彩依次变深或变淡，给人一种层次感和舒适的明朗感。

（五）金银色及黑白色的应用

在园林设计中，金银色、黑白色多应用在建筑环境、园林小品、城市雕塑、护栏、围墙等方面。

从色性上讲，金色为暖色、银色为冷色。在传统园林中，金银色一般作为建筑彩绘中一种装饰色彩，其他环境中使用较少，在现代园林环境设计中应用比较普遍，而且多采用的是现代工业材料，如铜、不锈钢、钛金和一些合金材料等。在设计上，选用什么样的色彩，主要取决于小品、雕塑本身的内容和形式，还有一个客观因素，即小品、雕塑本身所处的周围环境色彩与质感，既要协调，又要有一定的对比关系。一般来说，在现代感较强的环境中设置的建筑小品、雕塑多采用不锈钢（银色）等合金材料。形式以抽象性为主的雕塑也宜选用不锈钢等银白色材料。金色的材质多在纪念性雕塑和环境中作为点缀应用。

黑、白色在色彩中被称为"极色"，多应用于南方的传统园林建筑和民用建筑，如江南古代的私家园林建筑，灰黑色顶部与白色墙体对比分明，表现出古代文人墨客的高雅、清淡。在现代园林设计中，黑白两色在全国各地应用较多，特别是在护栏、围墙等方面，也常常应用于广场及道路铺装的图案组合中。

二、植物色彩应用的基本原则

（一）统一性原则

在园林景观设计中，植物并非是单一、独立的景观要素，往往需要搭配其他景观一同展示。不同的颜色所呈现的氛围各异，暖色系烘托欢快、轻松的景观氛围，而冷色系则营造宁静、悠远的观赏情趣。不论哪一种主题或色调基础，都需要园林景观各构造要素的相互统一来确保整体景观风格的呈现，植物色彩的应用更需要协调各类植物，使其贴合主题，以免造成色彩纷杂、色调冲突的不良观感。

（二）协调性原则

协调性是园林景观中植物色彩应用的重要原则。在园林景观设计中，植物色彩需与建筑、园路、广场等周边环境的色彩协调统一。配置植物时，不可随意罗列、堆砌色彩植物，需与规划设计之初既定的主题或色彩基调相符，保证主色与次色的搭配。在保障主要色调作为整个色彩体系的根本，与周边环境协调、统一的基础上，辅以次要色调作为点缀，锦上添花。将植物色彩巧妙融入园林景观，在提升景观整体协调性、层次感、生命力的同时，需要避免色彩植物突兀，喧宾夺主。

（三）季相性原则

植物色彩在园林景观设计中的应用需要与其季相变化相协调，提前了解配置植物的物候特性，充分了解植物花、叶、果以及枝干在一年四季中的色彩特点，进行科学合理的搭配，使园林景观在不同季节中呈现出差异化风格，四季有景可赏。

三、植物色彩应用的策略

（一）调和色

色彩调和是指两种或两种以上的色彩有序、协调地组合在一起，形成整体、统一的视觉效果的色彩搭配。植物色彩的调和在限定空间、功能的情况下，对营造环境情调具有重要作用。根据以模拟自然色彩为艺术追求的色彩调和理论，在园林景观设计中通过模拟自然状态下植物群落的色彩组合，制定相应的配色方案，可以呈现和谐、自然的原始野趣。在园林景观中，利用互为同类色和邻近色的彩色植物进行搭配，最易营造出协调统一且富有层次感的视觉效果。

（二）对比色

在色相环中两种颜色的夹角为120°～180°时，则该两种颜色具有对比关系，例如，黄色与蓝色、红色与青色。对比色的搭配会使景观画面色彩对比明显，产生较强的视觉效果，引人注目。在保证园林景观色彩协调统一的基础上，合理利用植物色彩在色相、明度、饱和度上的对比，可增强景观的灵动性，塑造生机盎然、鲜明生动的观赏效果。互补色是在色相环中夹角为180°的两种颜色，属于对比色的一种。互补色的色相、明度差异巨大，可形成强烈对比，例如蓝色与橙色、黄色与紫色，在植物景观中组合配置，会给人醒目、热烈的视觉冲击。

四、景观色彩的调和

景观色彩应与表达的主题要求一致，营造出热闹或宁静，温暖祥和或野趣盎然等氛围。色彩调和应符合统一性与多样性原则，即植物与周围环境及植物与植物之间在色相、明度、彩度等方面的相异性、协调性。

（一）单色调和

在同一色相中进行浓淡明暗的组合，并加以植物的体量、质感、形态等观赏特性的变化，营造出丰富的景观效果。如夏天的树林和草坪，常绿树、落叶树、针叶树、阔叶树的绿色深浅不一，富有色彩层次。花坛内或专类园中以深红、浅红、粉红的花卉依浓淡顺序组合出美丽的色彩图案，呈现渐变退晕的调和的韵律感。

（二）近似色调和

相邻色相易调和，统一中有变化，适合营造温和高雅的景观气氛。如在雪松前盛开的金钟花，不但调和，而且黄色明度高，突出与强调效果明显。

（三）中差色调和

如红与黄、绿与紫、蓝与黄等色相相间的颜色，其色相本身不易调和，可通过降低一方的明度和彩度来掩盖色相的不调和性。如红木与金叶女贞、蓝天和红花，仍有清爽融合的协调感。

（四）对比色调和

如红与绿、黄与紫等补色对比，或者红黄蓝、橙绿紫三色系对比。园林中常用对比色组合营造喜庆、活跃的气氛，明视性高，富有现代气息。花坛或花境中可安排同一花期，但对比色强的花卉，以增强其注目性，如紫色三色堇与黄色的金盏菊对比强烈；或者同种花卉，不同色彩和高度的品种或变种，分块种植，色彩的多样性以形态的统一性来调和。这种园林植物很多，如常见的有杜鹃、月季、四季秋海棠、矮牵牛、三色堇、凤仙花、芍药、大丽花、美女樱、郁金香、一串红等。在进行对比色配色时，要注意明度差异与面积大小关系，通常应降低一方的明度与彩度，面积不宜相当，且以一种色相为主，使得景观对比强烈，又不显凌乱。

第六章

色彩构成训练

图案纹样的结构形式可分为单独纹样、适合纹样、连续纹样等。这几种纹样各有其组织形式和骨架方法，形成各式各样的组织形式和种类。

第一节　单独纹样制作

单独纹样是一个独立的个体，也是图案纹样的基本单位，是组成适合纹样、二方连续纹样、四方连续纹样的基础。单独纹样的组织要注意纹样造型的完整，要具有完整美。一枝花、一只动物、一组风景，都可以组成一个单独纹样。单独纹样的变化或动势不受任何外形的约束，只要使人感到造型自然、结构完整即可。单独纹样一般采取加强主要部分、减弱次要部分的手法。例如一枝花的图案纹样，如果以花朵作为主体，叶子作为陪衬，那么花朵的刻画就要细致，变化要丰富。叶子的处理就要简单，突出主题。单独纹样的结构形式变化万千，丰富多彩，可分为规则和不规则两类，一类是对称式，一类是均衡式或自由式。

一、对称式

对称式又称"均齐式"，在表现形式上分为绝对对称和相对对称。

（一）绝对对称

即以一条直线为对称中心，在中轴线两侧配置等形、等量的纹样组织，也可以以一点为中心，上下和左右纹样完全相同。

（二）相对对称

即纹样中轴线两侧或上下、左右的主要部分相同，局部稍有差异，但大的空间效果仍是对称的。

二、均衡式

均衡式以中轴线、中心点为准，采取等量而不等形纹饰的组织方法，上下、左右的纹饰组织不受任何制约，只要空间与实体在分量上达到稳定平衡。均衡式单独纹样使人感到生动、新颖、变化丰富。均衡式单独纹样造型分为涡形、S形、相对、相背、交叉、折线等表现形式。单独纹样是组成适合纹样、连续纹样的基础，其构图形式丰富多彩（见图 6-1）。

图 6-1　对称式单独纹样（郑焯耀绘制）

第二节　连续纹样制作

连续图案纹样是由一个或几个基本单位纹饰向上下或左右连接，或向四方扩展，使其连接成大面积的一种图案纹样。连续纹样的特点在于它的延展性。连续纹样是单独纹样的连续组合，它具有一种规律的节奏美和较强的装饰性。连续纹样的应用范围很广，它既可作为边饰，也可作为大面积的装饰花纹，如地毯、印染、织花、壁纸、藻井等一般都采用连续纹样。连续纹样可分为二方连续和四方连续两大类。

一、二方连续

二方连续是带状连续的一种纹样，因此又称为"带纹"，或称为"花边"。用一个或数个单独纹样向左右连续的，称"横式二方连续"；向上下连续的，称为"纵式二方连续"；斜向连续的，称为"斜式二方连续"。二方连续的特点是节奏性强。这种纹样的基本单位，既要求纹样完整，又要求纹样之间相互穿插呼应，具有整体感。二方连续纹样是装饰中用途较广的一种形式，在我们日常生活中的衣、食、住、行等方面到处可见，如建筑装饰、生活日用品包装、杂志封面等常用二方连续纹样作为主要装饰。

二方连续的构成骨架主要有以下 10 种。

（一）散点式

构成骨架没有明显的方向性，由一个或多个单位纹样形成规律排列。散点式二方连续方法简单，制作方便，有大方、稳定的装饰效果（见图 6-2）。

图 6-2　散点式二方连续纹样及色彩应用

（二）直立式

构成骨架有明显的方向性，纹样定向排列，由一个或多个单位纹样连续组成（见图 6-3）。

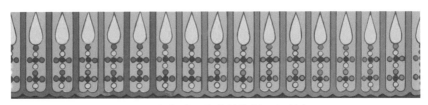

图 6-3 直立式二方连续纹样及色彩应用

（三）水平式

构成骨架呈水平状排列，有同向、异向等多种组织形式。水平式二方连续有空间稳定感和统一感（见图 6-4）。

图 6-4 水平式二方连续纹样及色彩应用

（四）倾斜式

纹样可以做各种角度的倾斜连续，可以向左，可以向右，还可以交叉，格式变化比较多，组成的纹样生动、灵活（见图 6-5）。

图 6-5 倾斜式二方连续纹样及色彩应用

（五）波纹式

构成骨架由波浪形、圆形组成，纹样可以安排在波形上，也可以安排在双波线内，结构富于变化，大方活泼，传统图案纹样常采用这种组合形式（见图 6-6）。

图 6-6　波纹式二方连续纹样及色彩应用

（六）折线式

它与波纹式的不同之处是构成骨架由直线折合而成，纹样多做对向排列（见图 6-7）。

图 6-7　折线式二方连续纹样及色彩应用

（七）开光式

开光式二方连续即在带状纹样中，用几何形的框架，内置主花，以突出主题并增强装饰效果；也可由枝叶组成，同样能取得良好的空间效果（见图 6-8）。

图 6-8　开光式二方连续纹样及色彩应用

（八）分割式

将一个完整纹样分成相同的两半，纹样交替排列，取得既统一又有变化的艺术效果，给人一种交替反复的感觉，使画面的层次错落有致（见图 6-9）。

图 6-9　分割式二方连续纹样及色彩应用

（九）重叠式

重叠式二方连续是将两种或两种以上的纹样相互叠合，进行排列，可增加纹样的层次，产生复杂、丰富的空间变化（见图 6-10）。

图 6-10　重叠式二方连续纹样及色彩应用

（十）综合式

在以上各种组织形式中选择两个或两个以上进行综合运用，艺术效果更加丰富（见图 6-11）。

图 6-11　综合式二方连续纹样及色彩应用

二、四方连续

四方连续是将一个单位纹样向上下、左右四面延展的一种纹样，它循环反复、连绵不断，又称"网纹"。四方连续要求单位面积之间彼此联系呼应。它既要有生动多姿的单独花纹，又要有均衡协调的整体布局；既要有反复连续的单独纹样，又要有花纹的宾主层次；既要有纹样的穿插连续，又要有空间的活泼自然；既穿插有序，又不能露出较大的空档。因此，它有疏有密，有虚有实，既有变化，又不凌乱；既有统一，又不呆板。四方连续既要注意一个单位纹样的协调，又要注意几个单位连成大面积纹样后的整体艺术效果。我国战国时期青铜器上的纹饰及东南亚地区流行的印纹陶器，大多是采用这种网纹组织进行装饰的。

四方连续在染织图案纹样中用途最广，在其他工艺方面，如塑料布、瓷砖、壁纸、印刷底纹等中也广泛应用。四方连续的构成主要有散点式、条纹式、连缀式等多种表现形式（见图 6-12）。

图 6-12　四方连续纹样及色彩应用

第三节　适合纹样制作

适合纹样是具有一定外形限制的图案纹样造型。它是将素材经过加工变化后，组织在一定的轮廓线内，即使去掉外形，仍具有外形轮廓的特点，纹饰的组织结构具有适合性，所以称为"适合图案"或"适合纹样"。适合纹样要求纹饰的变化既要有物象的特征，又要穿插自然，并构成独立的装饰空间。适合纹样分为形体适合、角隅适合、边缘适合三种，下面主要介绍形体适合和角隅适合两种。

一、形体适合

形体适合是适合纹样中最基本的一种，它的外轮廓具有一定的形体，这种形体是根据被装饰物体的外形而定的。

我国古代的陶器、铜镜和漆器上有许多形式优美、结构自然的适合纹样，它们都是我们研究与学习适合纹样的典范。从外形特征，可将适合纹样分为两大类，即几何形和自然形。几何形有方形、圆形、三角形、多边形、综合形等；自然形也有多种，如花朵形、果实形、文字形、器物形等。无论适合纹样的外形轮廓是规则的几何形，还是不规则的造型，基本上和单独纹样一样，可以概括为均衡式与对称式两种主要形式。

（一）均衡式

一种不规则的自由格式，依照平衡法则，使纹样保持平衡状态，以突出灵活、优美的画面效果。

（二）对称式

一种规则格式，其图案纹样通常采用上下对称或左右对称的等量格式，具有结构严谨、庄重大方的空间造型特点。对称式适合纹样有下列几种形式。

1. 直立式

直立式纹样，即指向上直立的图案纹样，以中轴线左右对称组成，这样的组成形式要避免呆板，要在对称中求变化。对称包括相向对称、相互对称和背向对称等形式。

2. 放射式

放射式纹样具有方向性，向外辐射为离心式，向内辐射为向心式，两者的骨法主要由方向区别，另外也有向心、离心结合的。由于它是由几个等分的单位组成，所以比直立式的纹样更富于空间变化。

3. 转换式

转换式纹样指在一个几何形的轮廓里，由两个同形的纹样互相调换方向排列而成，有左右转换和上下转换两种形式。其特点是利用相同的纹样进行转换穿插，具有生动活泼的空间效果。

4. 旋转式

旋转式与放射式大致相同，纹样具有方向性，但它的方向是通过运动形态向外或向内旋转。旋转式纹样多用曲线，易取得优美流畅的空间效果（见图 6-13）。

图 6-13　旋转式适合纹样及色彩应用——学生作品（张垚）

5. 重叠式

单独纹样重叠、交叉的构图方式适合在外形轮廓中运用，易产生丰富多变的画面效果。

6. 综合式

采用多方向、多角度、多外形适合的构图形式，能使画面产生丰富多变的空间效果（见图6-14）。

图6-14 综合式适合纹样及色彩应用——学生作品（刘颖）

二、角隅适合

角隅形式的纹样也是适合纹样的一类。这种纹样应用于面的一角或面的各角。角隅形式的纹样，如果处理成反复配置的连续状态，也能变成类似边缘装饰纹样的形式。

角隅形式的纹样受直角三角轮廓和直角三角空间的支配。通常处理的手法是，在面的中心配置点装纹样的同时，在面的一角配置角隅纹样。而在边缘纹样的隅角配置角隅纹样的情况也很常见（见图6-15）。

图 6-15 角隅纹样及色彩应用

一般来说，角隅纹样多采用自由式或对称式两类。自由式可以任意描绘，不受任何限制；对称式则应该由中间的一个主要纹样和左右对称的纹样来组成。

角隅纹样的应用颇广，我们常可以在地毯、建筑装饰、书籍封面、包装纸等处见到。

第四节 色彩平面构成训练

一、任务 1：色轮图（12 色、24 色色轮图制作）

（一）内容及相关要求

（1）实训内容：

①颜料的识别，运用三原色（红、黄、蓝）调制出间色。

②绘制 12 色、24 色色轮图（见图 6-16）。

（2）年级：一年级（第二学期）。

（3）专业：园林。

（4）课时：4 学时。

（5）工具：水粉颜料、水粉纸（八开尺寸）、圆规、水粉笔等。

（6）作业：2 课时完成 1 幅，共完成 2 幅。

（二）目的

（1）培养学习者对色彩的敏感性。

（2）掌握色彩配置关系。

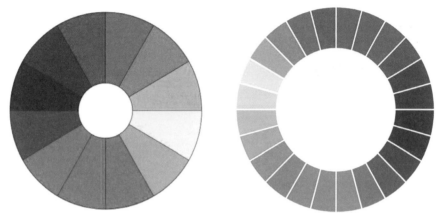

图 6-16　12 色、24 色色轮图

二、任务 2：明度渐变图

（一）内容及相关要求

（1）实训内容（见图 6-17）：

　　①颜料明度的识别。

　　②绘制灰色明度渐变。

　　③绘制暖色明度渐变。

　　④绘制冷色明度渐变。

（2）年级：一年级（第二学期）。

（3）专业：园林。

（4）课时：2 学时。

（5）工具：水粉颜料、水粉纸（八开尺寸）。

（6）作业：2 课时完成 1 幅，共完成 1 幅。

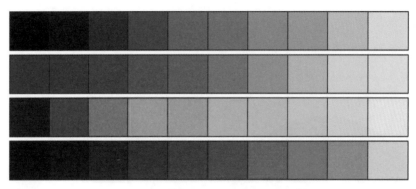

图 6-17　冷暖灰色、中性色明度渐变图

（二）目的

（1）培养学习者对色彩的敏感性。

（2）掌握色彩配置关系。

三、任务 3：纯度渐变图

（一）内容及相关要求

（1）实训内容：

　　① 颜料纯度的识别。

　　② 绘制色彩暖色系纯度渐变图（见图 6-18）。

（2）年级：一年级（第二学期）。

（3）专业：园林。

（4）课时：2 学时。

（5）工具：水粉颜料、水粉纸（八开尺寸）、角尺等。

（6）作业：2 课时完成 1 幅冷色纯度图，共完成 1 幅。

（二）目的

（1）培养学习者对色彩的敏感性。

（2）掌握色彩配置关系。

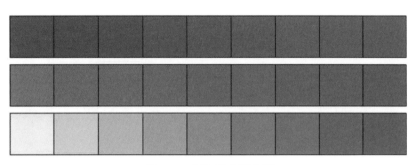

图 6-18　暖色纯度渐变图

四、任务 4：纹样制作训练

纹样制作是在色彩明度渐变图、色彩纯度图、色轮图练习的基础上，通过临摹与创意完成角隅纹样、二方连续纹样、四方连续纹样的练习。

（一）内容及相关要求

（1）实训内容：

　　① 角隅纹样制作。

　　② 二方连续纹样制作。

　　③ 四方连续纹样制作。

（2）年级：一年级（第二学期）。

（3）专业：园林。

（4）课时：12 学时。

（5）工具：水粉颜料、水粉纸（八开尺寸）、角尺、硫酸纸、圆规等。

（6）作业：1 幅二方连续纹样、1 幅四方连续纹样、1 幅角隅纹样。

（二）目的

（1）培养学习者对色彩的敏感性。

（2）提升学习者的创新能力与设计能力。

（3）加强学习者对优秀传统文化的认知能力。

（三）适合纹样制作步骤（1）

1. 线稿图案

图 6-19　适合纹样——线稿图案

2. 色彩填充图案

图 6-20　适合纹样——冷色填充图案

3．图案延伸设计

图 6-21　适合纹样延伸设计

（四）适合纹样制作步骤（2）

1．线稿图案

图 6-22　适合纹样——线稿图案

2．色彩填充图案

图 6-23　适合纹样——暖色填充图案

图 6-24　适合纹样——冷色填充图案

（五）单独纹样制作步骤

1. 线稿图案

图 6-25 单独纹样——线稿图案

2. 色彩填充图案

图 6-26 单独纹样——暖色填充图案

图 6-27　单独纹样——冷色填充图案

五、纹样示范

图 6-28　二方连续纹样（1）——学生作品（李沛祯）指导老师：李文博

图 6-29　二方连续纹样（2）——学生作品（杨斯景、张景瞬）指导老师：李文博

图 6-30 适合纹样（1）——学生作品（向巴曲措）指导老师：李文博

图 6-31 适合纹样（2）——学生作品（旦增）指导老师：李文博

图 6-32　适合纹样（3）——学生作品（米玛普尺）指导老师：李文博

图 6-33　适合纹样（4）——学生作品（达瓦桑旦）指导老师：李文博

图 6-34　适合纹样（5）——学生作品（熊辰晓）指导老师：李文博

图 6-35　适合纹样（6）——学生作品（王偌丽）指导老师：李文博

图 6-36　适合纹样（7）——学生作品（达瓦桑旦）指导老师：李文博

图 6-37　适合纹样（8）——学生作品（张啸）指导老师：李文博

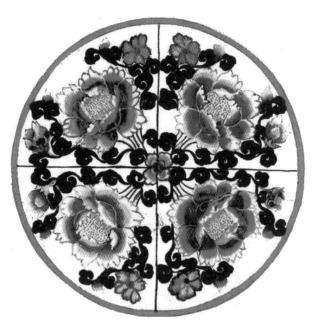

图 6-38　适合纹样（9）——学生作品（扎西平措）指导老师：李文博

图 6-39　适合纹样（10）——学生作品（卓玛）指导老师：李文博

图 6-40　单独纹样 1——学生作品（刘颖）指导老师：李文博

图 6-41　单独纹样 2——学生作品（张婉珠）指导老师：李文博

第七章

水粉静物、风景写生

第一节　水粉画的基本知识

一、水粉画的概念

水粉画是绘画的一种，用粉质颜料与水、胶调和绘制而成。颜料本身不透明，运用得当，能够兼有厚重和明朗轻快的感觉效果。它可以画在各种画纸、木板或布上。它的色彩可以在画面上产生艳丽、柔润、明亮、浑厚等艺术效果。

二、水粉画的产生与发展

水粉画的起源很早，这可从使用水溶性颜料作画的中外古代石窟、墓窟、寺院壁画中得到佐证。如我国北魏时期的敦煌石窟壁画、魏晋南北朝时期的新疆石窟中的佛教美术、元代永乐宫壁画、历代工笔重彩画，以及古代院体画与民间绘画等，都是使用水溶性粉质颜料绘制而成的。古罗马地下墓室中的壁画也大多是使用胶或蛋清调和颜料粉绘制而成的胶粉画。意大利文艺复兴时期的美术大师们手下的壁画原作，在后来修补过程中经专家考证发现，有的也是使用胶粉颜料绘制的。这些古今中外早已出现的使用粉质水溶性颜料的绘画作品，都具有了水粉画的基本艺术特点，这说明水粉画颜料的产生与使用的历史非常悠久。这类古代水粉画，虽然使用的颜料品种有限，作画的工具与方法也与现代水粉画有所不同，但对现代水粉画的提高与发展具有一定的研究与借鉴的意义。

现代水粉画实际上是英国 18 世纪水彩画发展中的一个分支，它的产生与发展与欧洲大陆水彩画的产生与发展有着密切的关系。根据目前掌握的资料，可以认定欧洲大陆最早运用水彩作画的是德国巨匠丢勒（1471—1528），他在学画时期就用水彩画风景和动物、植物。他使用的水彩色常掺入不透明的白粉色，或用白粉色画出明亮部分，而这就是水粉画的表现效果。丢勒时期的水彩画，只是处在水彩画的萌芽时期。作为绘画的品种与方法来说，到 18 世纪，英国水彩画发展时才逐渐完善，成为独立的画种出现在画坛上。

在水彩画艺术产生与发展的早期，水彩画的价值并没有被人们充分认识。人们以为水彩不具备油画那样高的美学价值和经济价值，习惯用欣赏油画的传统眼光来看待这种新画种。为此，不少水彩画家借鉴油画的绘制技法，以提高水彩的表现力，争取提高水彩画的艺术价值和地位。在借鉴油画表现技巧的过程中，只有采取使用白粉色和不透明色，才能达到油画表现的充分、深入、具体、厚实的效果。这样，水彩画实际上已失去传统水彩画水色渗化流畅、透明的艺术特点，成为近似油画效果的水粉画。到 18 世纪后半叶，水粉画已成为水彩画家族的一个分支。

水粉画在制作过程中，开始仍以透明水彩作为第一次底色，然后利用不透明色画出景物深入具体的立体空间效果，使其具有很强的真实感。这样完成的作品已失去传统的水彩画所具有的流畅、透明的艺术特色，形成一种现代概念的水粉画。

三、水粉画的特点与绘制工具

（一）水粉画的特点

简言之，水粉画的性能就是一个"水"字和一个"粉"字。即用水调和粉质颜料所作的画，称"水粉画"。对于颜料的色量和水量的了解是初学水粉画首先遇到并应解决的问题，它直接关系到技法运用和画面的效果。由于水粉颜色含有一定分量的白粉，使色彩干湿之间有明显的差别，即湿时色彩较暗，干后白粉色浮现在表面，明度比湿时要强，而色彩鲜明度减弱，增加了水粉画制作中掌握色彩干湿变化的难度。画家只有在实践中逐步积累经验，才能取得预期的效果。

（二）水粉画的绘制工具

主要工具有：画笔＋颜料＋调色盒＋水具＋调色板＋画架。

1. 画笔（图 7-1）

图 7-1　水粉笔

2. 颜料

目前，市场上出售的水粉画颜料多为瓶装和锡管两种。瓶装颜料，量大便宜，适合室内作画，但不利于外出携带。锡管颜料利于保存，但相对较贵。目前市场上销售的颜料种类，常用的基本上有二十多种。水粉画颜料的特性为粉质，具有较强的覆盖力。但根据与水调和后的效果可以分为透明色、半透明色和不透明色。白色、土黄、橘黄、大红、赭石、钴蓝、灰色、粉绿、黑色属于不透明色，覆盖力较强。柠檬黄、中黄、玫瑰红、熟褐、青莲、普蓝、翠绿相对比较透明，缺乏覆盖力。其余颜料如淡黄、朱红、深红、群青、湖蓝、中绿、橄榄绿等则介于两者之间。不同厂家生产的颜料在性能方面有一定差别，需要注意。熟悉颜料透明与不透明的特性，利用好这些特殊效果，对充分发挥颜料的表现力，更好地丰富我们的绘画语言是非常重要的（见图 7-2）。

图 7-2　水粉颜料

3．其他工具

常见其他工具有：工具箱、调色盒、折叠水桶、刮刀、吸水布等。

四、水粉颜料色色相

常用色彩（见图7-3，图7-4）：

黄色类：柠檬黄、淡黄、中黄、橘黄、土黄。

红色类：土红、朱红、大红、玫瑰红、深红。

褐色类：赭石、熟褐、生褐色。

绿色类：粉绿、淡绿、中绿、翠绿、深绿。

蓝色类：湖蓝、钴蓝、群青、普蓝。

无彩色类：白色、煤黑。

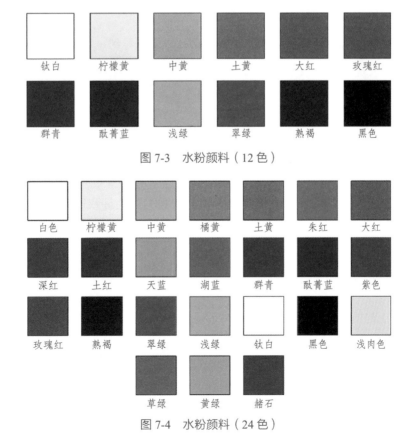

图7-3　水粉颜料（12色）

图7-4　水粉颜料（24色）

第二节　水粉静物写生方法及步骤

一、水粉静物写生步骤

静物写生之前，先进行静物的组合，组合静物一要合乎情理，体现生活气息；二要有对比、有变化、有统一；三要符合一定的形式美法则。动笔之前，先要仔细观察、认真分析，对构图、结构、比例、透视、色彩、质感及表现的方法和步骤等，尽可能做到心中有数，胸有成竹。

静物写生还应该遵循从整体到局部，由局部再到整体的作画步骤和原则。

1. 起　稿

确定构图后，用铅笔将各物体的轮廓勾出，如果练习到一定程度也可以用色线直接勾出物体的轮廓，要求做到轮廓线工整、准确，切勿脏乱。如果用色线起稿，用色大多为褐色、群青、普蓝等，具体情况根据画面的色调来决定。

2. 形体塑造

起稿完成后要进一步塑造形体，确定形体的明确关系，主要指明暗交界线、投影，为下一步着色打下坚实的基础。一定要重视形体塑造，否则会导致形、色分离，色彩纷杂，画面效果失衡。

3. 铺　色

这一步是作画的关键环节，一定要控制节奏，不要太快。铺色前进行的形体塑造主要是利用淡彩基础，待颜色接近干时开始正式铺色。铺色的方法较多，有从前向后画的，有从后向前开始的，亮部的颜色为深红、朱红及少量白粉的混合色，暗部为深红与普蓝相加。完成色彩补色对比关系。

4. 深入刻画

用笔要肯定,适度保持笔触,节奏适当放慢,尽可能将物体的色彩、形体一次画到位。

5. 整体调整

整体调整是静物画的最后阶段。需要做好两个方面:一是选择画面的重点内容进行深入地塑造,要针对每一个物体的特征和细节,一个局部、一个局部地去描绘,以丰富画面,使之逐步完善,从而使画面整体的节奏关系更加明确;二是要注意观察画面的整体效果,对那些影响画面整体效果的细节进行适当调整,使画面的艺术效果更趋完美。

二、水粉静物写生表现技法

1. 干画法

干画法是指笔中色里含水较少,而且画在干燥画纸上,色彩衔接是靠较干的色彩推移和压盖方法来完成的。它是吸收油画技法而发展起来的,即更多地利用颜料粉质易覆盖、厚涂方法来进行着色,增强色彩表现力(见图7-5)。

干画法的用色:色层可厚可薄,厚一些的颜色可以遮盖住底层色,称为"厚涂法",色彩的层层叠加或覆盖,深入刻画或改画常用此法。但要注意用笔肯定准确,着色范围易小,同时还要注意多色层加工时,不能无目的地把色层一次次加得太厚,造成色层高低不平,甚至杂乱无章。所谓厚涂是相对来说的,一般来说,厚涂色块色感饱满,宜于表现物象的明部或中间面,暗部用色不宜过厚。干画法还适宜表现色块和形体肯定、明确转折和对比清晰强烈的景物(如静物中的近景台布及近景物体)。这种画法笔触感强,落笔前对物象要多做细致的观察与分析,调色、用笔都应该准确而肯定,但运用不当易犯干枯和不含蓄的毛病。干画法用色薄一些,也就是把画笔上的水挤干再蘸少量的干色轻擦上去,使画上去的色块周围没有明显的边线,造成与底色自行衔接的效果,这也称"薄画法"。这种画法尚可利用第一层色的透露、隐现营造特有效果,使色彩较丰富,并巧妙地表达物体质感、色感和空间感。干画法适合色彩写生基础训练,也是水粉画的主要技法。

图 7-5　干画法表现技法

2. 湿画法

在调色过程中，水分充足，笔上的水明显多于颜料，画在湿画纸上（先用大排笔刷上水待半干时画色），色彩衔接湿润，笔与笔之间趁湿衔接完成的画法，即湿画法。通常是在前面的颜色未干时就接着画第二笔颜色。在静物写生中，背景部分以及透明的暗部和柔软的衬布等适宜用此画法。

湿画法吸收了水彩画技法，更多地通过水色干湿程度和着色时间控制，追求不同程度的水色自然交融、渗透，取得酣畅明快、意趣天成的表现效果。干后没有明显笔触的接痕，有柔和、含蓄、滋润、细腻等优点。这种方法对于水粉色来说，颜色干后变色差别较大，用色用笔及着色先后顺序都须经过深思熟虑，是一种较难掌握的表现技法。湿画法用笔宜大、宜快，对色调和形体掌握要"胸有成竹"，可趁湿时迅速上色，一次画完画幅中的某一部分，以后就不再在这一色层上覆盖第二道色了。湿画法常常从大块的中间色画起，然后接画暗部和提出亮部和高光。运用湿画法时，往往先从静物背景开始，因为湿画法更适于表现背景、暗部以及处理大的色块、大的色调，即更适用于大面积铺色、大色彩关系及表现某种特定气氛。上色时也分厚、薄两类。湿色薄画法能一层层加色，以此取得层次丰富而浑厚的效果。但要注意每加一层色都必须待底色干透后再进行，要用软毛笔，运笔要快，不然会把底色带起来。

3．干湿结合画法

一般来说，在水粉静物写生过程中，纯的湿画或纯的干画技法运用并不多见，倒是干湿结合画法使用的更多一些。这是因为这种结合兼容了前面两种技法长处，更容易表现理想的色彩效果。干画、湿画各有特色和长处，也各有短处。正如人们常说的"干画易板、湿画易散"。干画往往因用笔肯定，处理得好而画面结实、色彩丰富。处理不当时则极容易显得刻板、生硬、暴露、不自然。湿画法控制得好则不失形体并有流畅痛快之感，控制不当，易造成结构松散。其实两种画法是不能截然分开的，各种画法既是互相对立的又是相互依存的。干因湿而显，湿因干而隐，干画时用水多一些就成湿画法，湿画法时快速薄涂也就像干画法。因此，采用干湿结合、厚薄兼施的方法，才能更好地发挥水粉画色彩特征（见图7-6）。

图7-6　干湿结合画法表现技法——学生临摹作品（周子铂）指导老师：李文博

具体来说，干湿结合式的画法有如下一些用色、用笔的规律。

（1）画大片面积的色或铺大的色调、色彩关系时，用湿画法易于掌握大色调的气氛、大色彩关系，避免非本质的、细枝末节的干扰。而某些局部的细节运用干画法，又可使画面色彩丰富、活跃、生动，细节借助干画法恰当表现可使画面整体色彩色调统一，细节富有变化。

（2）在静物写生中，背景衬布和远景实物常用湿画法，近景物和近处衬布常用干画法。远处画虚、润而无笔触，近处画实、硬而有笔触，这样有利于对三维空间深远感的表现，达到色彩造型上层次分明、近实远虚、近强远弱的效果。

（3）静物画中的局部形象，也可运用干湿结合法来加以表现，营造一种轻松、生动、变化的效果。如暗处用色薄而湿，亮处用色厚而干；又如不同质地、造型的物体分别用或干或湿，或干中有湿、湿中有干的方法，有的物体画得结实坚硬富有触觉肌理感，有的物体画得轻柔圆润而富有触觉光洁感，使总体色彩画面效果虚实相间、强弱有致或主从有别。

（4）无论是干画法还是湿画法，通常都宜采用暗部薄、亮部厚、先薄后厚的着色原则。但要注意厚不要拖不动笔，薄不要满纸水流。

第三节 静物写生训练

一、任务1：《罐子与水果静物临摹》

（一）内容及相关要求

（1）实训内容：

① 单个静物色彩写生训练。

② 多个静物色彩写生训练。

③ 绘制一幅罐子＋水果＋台布色彩静物。

（2）年级：一年级（第二学期）。

（3）专业：园林及相关专业。

（4）课时：4学时。

（5）工具：画板、夹子、水粉颜料、水粉纸（尺寸八开）或布纹纸等。

（6）作业：1幅带台布的色彩静物写生。

（二）目的

（1）增强学习者对水粉色彩的认识。

（2）帮助学习者掌握画面空间、冷暖关系处理等基本方法。

（3）培养学习者对于物体的观察能力与画面组织能力。

（三）《罐子与水果静物临摹写生》步骤图例及说明

必须在画之前整体地观察对象。用时约 3 分钟。一是构图，心中要有画面各个物体摆放的位置感；二是色调，把握画面的主要色彩倾向，从色相上区分是蓝调子还是黄调子，从色性上辨别是暖调子还是冷调子，从色度上比较是灰调子还是鲜调子；三要考虑各个物体之间的关系，比如区分画面主体物和次要物之间的纯度和明度的关系，如何区分画面两个颜色相近的苹果（色相问题）以及光源的统一等问题。

1. 步骤 1：起稿

用熟褐色构建轮廓，构图时注意浅蓝台布与中黄衬布的面积差别，减小黄布的面积，有利于形成以浅蓝色为主导的色调，有利于整体的统一（见图 7-7）。

2. 步骤 2：铺色

运用大号笔薄画法，迅速铺出大的色彩关系，加强浅蓝台布与中黄衬布的色彩联系，尽量使之浑然一体，避免单个物体色彩的孤立（见图 7-8）。

3. 步骤 3：提炼概括

进一步概括出物体的基本转折面，突出色彩的明暗关系和冷暖关系。用笔要围绕形体结构进行塑造，笔触要干脆利落（见图 7-9）。

4. 步骤 4：深入刻画

特别是陶罐、水果明暗的塑造，一定要注意造型准确，用笔严谨，色彩丰富，融入环境色，质感生动。同时，要注意整体的取舍，突出主次关系（见图 7-10）。

图 7-7 起 稿　　　　　　　　图 7-8 铺 色

图 7-9 提炼概括　　　　　　　图 7-10 深入刻画

二、任务 2：《茶壶、水果、台布组合静物写生》

（一）内容及相关要求

（1）实训内容：

　　① 单个静物色彩写生训练。

② 多个静物色彩写生训练。

③ 绘制一幅茶壶＋盘子＋水果＋台布色彩静物。

（2）年级：一年级（第二学期）。

（3）专业：园林及相关专业。

（4）课时：4学时。

（5）工具：画板、夹子、水粉颜料、水粉纸（尺寸八开）或布纹纸等。

（6）作业：1幅带茶壶＋水果＋台布的色彩静物写生。

（二）目的

（1）增强学习者对水粉色彩的认识。

（2）帮助学习者掌握画面空间、冷暖关系处理等基本方法。

（3）培养学习者对于物体的观察能力与画面组织能力。

（三）《茶壶、水果、台布组合静物写生》步骤图例及说明

1. 步骤1：起稿

用熟褐色构建轮廓，注意画面布局，轮廓色线可略重一点，并可用定稿之色薄薄地略示明暗，为下一步的着色作铺垫。造型能力强一些的，也可直接用色线起稿，不示明暗，直接着色（见图7-11）。

2. 步骤2：铺色

定稿之后，迅速地观察整体色调和大色块关系，做到胸有成竹，尽快地薄涂。此刻不要考虑形体与笔触，先找画面中暗的颜色，再根据新鲜的色彩印象大胆挥洒，营造画面的色彩环境，同时要注意各元素的色彩倾向（见图7-12）。

3. 步骤3：具体塑造

在大关系比较正确的基础上，进一步具体塑造，从画面主体物着手，逐个完成。集中画一件物体时干湿变化易于掌握，也易于塑造其受光与背光不同面的色彩变化。这一遍用色要适当加厚，底色的正确部分可以保留，增加画面的色彩层次（见图7-13）。

4. 步骤4：深入刻画、整体调整

检查整体的色调及和谐统一的关系，同时对个别局部的细节进行调整，减弱琐碎次

要的细节，突出主体，强化茶壶的反光和环境光色彩关系以及水果亮部色彩关系，茶杯、刀柄都需要进一步刻画，将台布的冷暖关系强化，凸显画面整体和前后关系（见图 7-14）。

图 7-11　起　稿

图 7-12　铺　色

图 7-13　具体塑造

图 7-14　深入刻画

（四）水粉画示范案例

图 7-15　水粉画静物临摹写生范例（李文博）

第四节 色彩风景写生

一、风景写生的目的任务及选景

（一）风景写生的目的任务

风景写生，应该有明确的目的和要求。通过写生能全面接触到风景画中的各类问题，如题材、选景、构图、色彩、技巧、意境等。其基本任务归纳起来有以下几个方面。

（1）培养对大自然风光美的观察力和感受力，提高选材取景及构图的能力。

（2）认识外光的色彩规律，并掌握风景色彩的表现规律。

（3）了解形成远近空间感的各种因素，如透视、明暗层次对比、色彩冷暖及纯度对比、形体复杂与单纯的对比等，掌握表现空间的方法与技能。

（4）理解自然景色由于环境、季节、气候、时间等条件的不同，而产生丰富多彩的色调和色彩关系，并掌握其表现的规律与技法。

（5）锻炼用色彩和笔法塑造各种不同景物的形体和质感的能力。

（6）了解绘制水粉风景画的一些特殊技法。

（7）感受并表现景色的意境和情调。

（二）风景写生的选景

风景写生的题材范围十分广泛。如城市建筑、名山大川、乡村风光、海岛渔村、河港码头、工地厂房、山地丘陵、溪谷田野、园林花圃、森林草原、市场街景和一些人物的社会生活场景等。有风俗性的场景，也有富有意境的风景写生题材。这些景物都是与人们生活密切相关的，所以描绘自然风光的风景画总是受到人们的喜爱。选景不在于空间如何庞大，或内容多么复杂，实际上一些平常的景色，在季节、气候、光线、时间的变化下，也会显现出十分动人的诗情画意。好的景色具有不同的环境特点与情调，能给人以精巧、绚丽、雄伟、壮阔、沉寂、活跃、幽雅、古朴、浓艳、清丽等不同的感受。这种对自然的感受，是选景取材的动机和依据。开始阶段，应从简单的景色入手，在实践中，逐步提高选景的能力和水平。

二、风景写生注意事项

风景构图是指绘画者表现作品的主题思想和美感效果，在一定比例的画面上安排和组织景物的位置。构图在风景写生中占有重要的地位，一般应注意以下几个问题。

（一）明确主题，分清层次

在景物选择时就应考虑作品的中心主题，构图时应进一步明确主次。主体景物一般在画面的中心位置，次要景物则根据画面需要进行安排。同时，还可以通过强调景物的冷暖、大小、高低、强弱、远近、疏密、虚实、动静等手法，来突出主体，分清主次。

（二）要根据画者的基础和学习的需要选择景物

景物不同，其描绘技巧也不同，描绘难易程度有别，学习者要根据自己的绘画基础和专业训练写生的需要进行选择。初学者要选择形体单纯、色彩鲜明、明暗清晰、层次清楚、光线变化小的景物进行描绘；写生对象不宜过多、过大，哪怕是简单的一山一水、一树一石、一扇门、一堵墙都可以画得生动细致。那些已具有一定绘画基础的学习者，则应选择未画过的且比较完整的景物进行描绘，以便全面熟练地掌握写生技巧。在进行景物选择前，学习者要根据专业需要评估自己的绘画能力，对景物写生的难度要有所认识，从基础开始学习，切忌好高骛远。

（三）要注意景物的透视关系

室外景物众多，透视关系复杂，构图时要严格注意透视的准确性，以便准确体现景物的位置和空间状况。取景一般应在60°的视觉范围内，根据表现需要也可采取散点透视和广角取景的方法，其关键是合理、自然（见图7-16）。

图 7-16 景物的透视（李文博拍摄）

（四）要认真进行画幅比例推敲

画幅比例关系到主体表现、景物容纳和构图安排。一般来说，竖构图有平衡、匀称感。在进行景物构图安排时，要根据景物特点和主题表现需要，对画幅比例进行研究、推敲。

（五）要明确近景、中景、远景三个层次

为表现空间和取得构图的丰富变化，风景画一般应具备近景、中景、远景三个层次，为了突出主题，主体物一般放在中景或近景部位。

（六）要进行概括和取舍

室外景物复杂，构图时要根据主题表现需要和审美的要求，对景物进行概括和取舍。舍弃那些琐碎的、与表现主题无关的景物，把那些具有普遍性、典型性，能够说明和体现画面主题的景物集中起来，根据画面需要还可有意夸张和搬移以及添加一些景物，以利于画面效果和主题的突出体现（见图 7-17）。

图 7-17　景物观察——取舍（李文博拍摄）

（七）要注意构图的平衡、统一与变化

自然景物并非都符合构图形式美的要求，构图时要有意识地、主观地组织和安排图中景物。注意动与静、高与低、疏与密景物的搭配和调整，以保持画面的主动、均衡、统一与变化。要注意长直线轮廓景物的起伏变化，表现斜线轮廓的景物时不应正对画面四角，可通过将树木、花草等曲线穿插其中的方法实现画面构图的丰富与变化。

三、水粉风景写生方法及步骤

风景画是以描绘自然景物为内容的绘画题材。风景写生使我们有机会接触各种复杂的外观作业，观察、研究自然界千变万化的色彩关系，是学习水粉画的重要课题。

（一）水粉风景写生的选景和构图

风景写生选景是非常重要的。选景是建立在丰富的经验及审美基础上的，又受个人喜好的影响。选景的目的一定要明确，不能毫无目的，见什么画什么。

当选择好理想的景色，就要构思画面构图。水粉风景画的构图形式多种多样，应根据所画的对象和要表达的主题及不同的角度具体运用。在构图时要根据画面需要选择画幅比例大小，依据景物的表现效果安排视平线的高低；同时，要注意形与线的组织及画面层次感等。

（二）风景构图写生速写

构图速写的目的是提高选景构图的能力。所以，对景物的形象记录或塑造不是主要的。这样的风景构图练习，题材广泛，生活视野宽广，构图格式多样，可以在水粉写生的前后进行，也可以安排时间专门进行练习。如持之以恒，可大大提高观察、感受能力，视觉形象记忆能力，想象能力，以及从生活中探索各种构图形式的能力。

（三）风景构图写生注意事项

室外的空间广阔，景物繁杂，光线变化快，光的变异引起色彩的变化，要分析和掌握光色特点和色彩的变化规律。

室外景物受阳光直接照射，较之室内光线强烈，色彩明快、透明，光色对比强烈，物与物之间的光色相互反射影响也大，调子更明朗，只是同强烈的明部对比时，才觉得色彩深重。

（1）自然界变化无穷，不仅早、午、晚各有不同，阴、晴和季节特征亦明显。

晴朗天气，阳光的色彩是倾向暖的，但具体的时间不同，偏暖的程度亦不同。早晨和傍晚的阳光明显偏暖，而中午时分的阳光白得发冷。光的不同倾向影响到景物受光面的色彩变化，同时也影响到受光面和背光面的色彩关系。一般来说，受光面较暖，背光面则较冷。但是当阳光接近白光时，受光面反而感觉冷，背光面受地面等反射光影响，感觉暖得多。处理好受光面、背光面的冷暖关系，在风景写生中是很重要的。背光暗面不是不透明的深重颜色，而是同样有光感，这种光感是天光的照射以及地面景物的反射产生的。

（2）自然界由于空气笼罩而产生色彩透视，亦称"空气透视"。空气中含水蒸气和尘埃，不是无色透明的。晴天空气清澈，浓雾天色景色模糊。在一般情况下，近处清晰，越远模糊；近处的暖，越远越冷；近处固有色明显，越远越弱。

（四）水粉风景写生的着色步骤

1. 起稿

在选好理想的景物后，用铅笔或群青色勾出简要轮廓，色线要有粗细、浓淡和虚实变化。尽量简明扼要，表现远、中、近的大体层次。

2. 铺大色块

铺色的方法应遵守从整体到局部的原则，这样做有利于把握画面的整体对比，有利于及时对色彩关系和素描关系做出判断。

铺色的第一步，应先把画面景物的基本色块画出来，通过整体的比较，确定画面的基本色彩对比和明暗对比关系，以便下一步准确地刻画细节的造型和色彩。

一般可先画远景，如地面、天空和较大面积的水面，然后画中、远景的树木及其他的物体。天空及地面远景的色彩和素描对比关系较柔弱和微妙，因此，可以一遍就画得具体些，利用湿画法或趁湿接色的方法一气呵成地表现，以利于色彩和笔触的柔和衔接。

要注意，先画天空时，由于白纸的对比作用，画出的天空往往容易使人感觉不够明亮，但画了其他较深色的景物后，又会感觉天空太亮、太苍白。为了避免这种情况出现，可以先画几片中近景的深色，与天空的亮度形成对比。

注意天空、地面、水面、树木等的基本素描和色彩对比，注意景物受光、背光面的色彩冷暖对比。用笔要大胆、概括、果断，小的细节不必留出，可以先覆盖，待具体深入时再用色画出来。否则一开始注意太多的细节，容易使笔触琐碎，可能影响对整体色彩关系的把握。第一遍色最好别太浓厚，以利于下一步的深入刻画。

3. 深入刻画

铺大色确定了画面基本的色彩关系和素描对比后，就可以较有把握地、从容地进行细节的刻画。进一步表现景物丰富的色彩变化和造型细节。如用较灰的蓝绿色和较深的冷棕色画近景的树叶和树干，接着画堤的灰冷色。

4．调整完成

深入刻画以后，画面已基本完成。这时应再次把画放到远处，检查画面的整体效果，看看整体的色彩基调是否准确，色彩组织和对比是否协调好看，空间层次是否明确，是否达到了动笔前所设想的效果。最后，看整体的主次关系是否合理。那些不协调的色块、难看的造型、喧宾夺主的细节等，要果断地调整、修改、舍弃，以使整体关系更协调、统一、明确。

第五节　色彩风景画实训

风景写生是掌握色彩造型能力的又一重要方法。风景写生与静物写生既有相同点，又有不同之处。相比之下，户外风景写生比室内写生难度要大。首先，静物是我们根据构图原理精心组合而成的，而风景是自然景色，光线变化快，色彩没有秩序，比室内静物复杂。在写生时需要我们通过观察选择取景，高度概括、取舍地进行描绘。自然景色具有不确定性，能充分调动我们的积极性，使我们有更多的选择和表现的可能。风景写生训练有助于室内写生水平的提高。

一、任务 1：风景写生小调练习

（一）内容及相关要求

（1）实训内容：

　　① 风景画实景写生小调训练。

　　② 风景画色调笔触训练。

（2）年级：一年级（第二学期）。

（3）专业：园林及相关专业。

（4）课时：2 学时。

（5）工具：画板、夹子、水粉颜料、水粉纸（八开尺寸）或布纹纸等。

（6）作业：完成一幅风景实景写生小调（见图 7-18）。

图 7-18　风景写生色块表现训练（李文博）

（二）目的

（1）了解自然状态下，风景画写生中色彩的对比关系。

（2）帮助学习者掌握风景画实景写生中小调色块的铺设。

（3）培养学习者对于物体的观察能力与画面组织能力。

（三）注意事项

（1）利用颜料特性，颜色要厚、干一些。

（2）整理色彩的冷暖关系。

（3）大色块要明确。

（4）整理要抓主要问题。

二、任务 2：风景写生训练

（一）内容及相关要求

（1）实训内容：

　　① 风景画实景写生小调训练。

② 风景画色调笔触训练。

（2）年级：一年级（第二学期）。

（3）专业：园林及相关专业。

（4）课时：2 学时。

（5）工具：画板、夹子、水粉颜料、水粉纸（八开尺寸）或布纹纸等。

（6）作业：完成一幅风景画临摹作业。

（二）目的

（1）了解自然状态下，风景画写生中色彩的对比关系。

（2）帮助学习者掌握写生中小调色块的铺设。

（3）培养学习者对于物体的观察能力与画面组织能力。

（三）注意事项

（1）处理色彩的整体冷暖关系。

（2）大色块要明确。

（3）整体与细节的处理。

（4）远、中、近三景之间的关系处理。

（四）风景写生步骤图例及说明

1．实训 1：风景写生（临摹）范例 1

艺术形不同于自然界的形状，是通过绘画者抽象、判断、概括和提升的形。对于风景写生来说，首先，选定好描绘的对象后，将景物全貌在脑海中过一遍，加深整体印象；其次，进行景物元素的归纳，山体、树木、天空、道路，这些元素都要体现在色块表现上；最后，要体现画面结构上的联系和衬托对比的关系。

（1）步骤 1：起形。

大的布局确定以后，再进一步进行取舍剪裁，勾勒出景物的位置及形体的大轮廓（见图 7-19）。

（2）步骤 2：铺色。

具体画出景物的基本形和结构关系，使主题内容更集中、更鲜明，在构图形式上
更完美。用大面积笔触先铺出各元素色彩倾向性色块，需要注意一点，远处的山和天
空可采用薄画法，具体操作时先画远景天与远山，再画中景房屋和树木，最后画路面
和树木。一般情况下，天色总是画面中比较明亮的色调，但如在晴朗的天气，天上无
云彩，那蓝紫的天色必会比地面上明亮的色调暗。远山色彩单纯统一，要用色彩的冷
暖表示山体受光和背光的起伏变化，而不能用深淡来表示（见图 7-20）。

图 7-19　色彩风景写生（临摹）步骤 1　　　　图 7-20　色彩风景写生（临摹）步骤 2

（3）步骤 3：具体塑造。

远处的山与近处的山有冷暖的体现，将深红、朱红、褐色及偏冷的紫色结合，交
替画出树色的大调子。注意外形的轮廓起伏变化和受光、背光的明暗关系，路面上需
要画出树的投影，使画面充满光感。近山的色调较浓重，与远山有明显的色调差别，
要少用白粉（见图 7-21）。

（4）步骤 4：调整刻画。

整体调整部分，进一步细化细节，房屋的亮部暖色与屋檐下的冷色形成对比，白
墙的某些部位要画上带暖的白色，使整组建筑物明亮有温暖感，门上的春联强化了生
活场景特征。深褐色的树枝与树的亮色形成明暗对比，远处地面加紫灰，近处路面在
基调上加土黄、赭色，强调近处路面的暖色与远处路面的冷色产生的色彩前后关系（见
图 7-22）。

图 7-21　色彩风景写生（临摹）步骤 3

图 7-22　色彩风景写生（临摹）步骤 4

2．实训 2：风景写生（临摹）范例 2

（1）步骤 1：起稿。

认真观察描绘对象，在画面上确定好大的布局，然后进一步进行取舍剪裁，用熟褐色勾勒出景物各元素的位置及形体的大轮廓（见图 7-23）。

图 7-23　色彩风景写生（临摹）步骤 1

（2）步骤 2：铺色。

对景物进行大面积色块铺色，从景物的关系上可以分为五个层次，分别是第一层远处的天空（紫灰）、第二层的山峦（绿灰）、第三层的树木（墨绿）、第四层的草坪（黄绿）、第五层的河水（蓝灰）。注意它们之间的色块明度、色相、纯度上的对比（见图 7-24）。

图 7-24　色彩风景写生（临摹）步骤 2

（3）步骤 3：深入表现。

深入表现始终不能忘记整体，要求在用笔上再一次对形进行塑造，追求色、形、笔触三方面的结合，同时注意地形的纵深感，在画面前部调整时加入深红、橘红等暖色，局部地方加入群青、钴蓝等冷色，在水面已有基调上加入墨绿色，强调水面的暗部与亮部的对比（见图 7-25）。

图 7-25 色彩风景写生（临摹）步骤 3

（4）步骤 4：细节刻画。

进一步加强各元素之间的色彩在明度、纯度上的差异化，在树叶的亮色上加白色与嫩绿色，需注意的是，绿色中带白，不能过粉。提升水面的亮色，强化水面与周围草坪的色彩关系，要与天空的灰色形成对比，凸显出河水的清澈与流动感。用嫩绿＋白＋柠檬黄在草坪上点几笔，加强画面的色彩感与丰富感，使画面有张有弛（见图7-26）。

图 7-26　色彩风景写生（临摹）步骤 4

三、任务 3：风景实景写生训练

（一）内容及相关要求

（1）实训内容：

　　① 风景实景写生训练。

　　② 风景画色调笔触训练。

（2）年级：一年级（第二学期）。

（3）专业：园林及相关专业。

（4）课时：4 学时。

（5）工具：画板、夹子、水粉颜料、水粉纸（八开尺寸）或布纹纸等。

（6）作业：完成一幅风景实景写生风景画。

（二）目的

（1）了解自然状态下，风景实景写生中空间处理关系。

（2）理解掌握色彩在光线变化中的冷暖关系的应用规律。

（3）掌握写生过程中，整体与细节关系的处理及影响物体色彩的相关要素。

（三）注意事项

（1）色彩的前后关系。

（2）色彩冷暖关系的处理，天空与地表植物、建筑物的色彩对比。

（3）不同物体肌理的处理。

（4）同类色的色彩倾向及处理。

（四）风景实景写生步骤图例及说明

风景实景写生是在前期临摹的基础上进行的实景写生训练，目的在于让学习者对所描绘对象整体的色彩观的把握，对景物元素进行归纳与取舍，如山体、树木、天空、道路等元素。构图时，要注意远、中、近景的层次安排。要认真观察，分析景物的色调及色彩关系，要准确捕捉景物元素的冷暖变化。调整是看画面的空间感、色彩关系、形体结构、质感、量感是否正确（见图7-27）。

图7-27　实景写生照片

1. 步骤1：起形

根据实景图片，对绘画对象进行整体的轮廓表现，可带有简略的明暗关系，突出画面的空间透视关系。需注意的是，细节不要过多，透视、比例、位置、素描关系要准确，景色主体要突出，次要的、琐碎的景物可以省略（见图7-28）。

图 7-28　风景实景写生步骤 1

2．步骤 2：铺色

以深绿色为基调，由近及远寻找绿灰色的纯度、明度与冷暖的变化，注意近树、远树和山体、天空要呼应。先画画面中的主体，铺色一般是先从远景开始，到中景，再画近景。本画面大致为三个色彩层次，远景天空、中景山体与建筑物、近景植被（见图 7-29）。

图 7-29　风景实景写生步骤 2

3．步骤 3：深入表现

加强画面的组织关系，表现出景物的空间层次关系，如建筑物的色彩倾向、山体的色彩倾向，树木还要考虑前后空间景深的关系以及冷暖的表现，天空色彩关系要表现出晴朗天空下的光感。要讲究用笔的流畅与厚重、笔触的穿插，颜色要有干湿、厚薄的变化，使画面色彩丰富（见图 7-30）。

图 7-30　风景实景写生步骤 3

4. 步骤 4：细节刻画

进一步深入刻画，建筑物、树木、岩体等都要采取不同的技法真切地表现出来。画岩体要注重色彩的冷暖关系，使岩体更加具有立体感，表现出山岩粗糙的肌理效果。树丛要进一步表现出枝叶的层次与穿插关系，调整外形，提亮前部颜色，在画面的右部结合基调色加红色和蓝色，使树丛在绿色的基调上带有紫灰色，加深画面的空间感。最后，画面要作修改调整，使近景、中景、远景分明，有整体效果（见图 7-31）。

图 7-31　风景实景写生步骤 4

作品欣赏一

《郎木寺·写生》丙烯　李文博

《重庆·磁器口写生》布面油画　李文博

色彩风景写生 布面油画　李文博

《色彩风景写生·泸沽湖》布面油画　李文博

创作训练 粉印版画　李文博

作品欣赏二

《静物》 〔俄〕列宾

《静物》 〔尼德兰〕小勃鲁盖尔

《拾穗者》布面油画　〔法〕莫奈

《星月夜》布面油画　〔荷兰〕凡·高

《奥弗斯平原》布面油画　〔荷兰〕凡·高

《阳光照耀的松树林》布面油画　〔俄〕希施金

《倒牛奶的女仆》布面油画　〔荷兰〕维米尔

《春汛》布上油画　〔俄〕列维坦

《日出·印象》布上油画 〔法〕莫奈

《农民的婚宴》板上油画 〔尼德兰〕老勃鲁盖尔

《林萌道》布面油画　〔荷兰〕霍贝玛

《圣维克多山》布面油画　〔法〕塞尚

色彩风景写生　布面油画　〔法〕柯罗

《干草垛》布面油画　〔法〕莫奈

参考文献

[1] 申冠群. 色彩基础教程 [M]. 太原：山西人民出版社，2003.

[2] 李景凯. 装饰纹样构成法 [M]. 太原：山西人民出版社，1990.

[3] 田兆琪. 图案纹样集 [M]. 济南：山东人民出版社，1981.

[4] 徐宾. 图案纹样 [M]. 北京：中国纺织出版社，2004.

[5] 杨天民，冯能保. 绘画色彩学 [M]. 合肥：合肥工业大学出版社，2011.

[6] 王福阳. 绘画色彩学基础教程 [M]. 福州：福建美术出版社，2002.

[7] 苏传敏. 基础绘画色彩全程训练 - 色彩风景 [M]. 合肥：安徽美术出版社，2012.

[8] 张大林. 绘画色彩实践与教学 [M]. 北京：北京工业大学出版社，2013.

[9] 陆琦. 陆琦色彩风景 [M]. 南昌：江西美术出版社，2011.

[10] 贺国强，肖晟，曾毅. 色彩风景表现 [M]. 长沙：湖南大学出版社，2004

[11] 伊恩·罗伯茨. 构图的艺术 [M]. 上海：上海人民美术出版社，2012.

[12] 蒋跃. 绘画构图与形式 [M]. 北京：人民美术出版社，2015.

[13] 周刚. 水彩画 [M]. 北京：高等教育出版社，2017.

[14] 马遥. 水粉 [M]. 重庆：西南师范大学出版社，2009.

[15] 罗杰·厄尔布. 光线与色彩 [M]. 李立娅，译. 武汉：湖北教育出版社，2009.

[16] 詹姆斯·格尔尼. 色彩与光线 [M]. 解晓宁，译. 北京：人民邮电出版社，2013.

[17] 中央美术学院美术史系外国美术史教研室. 外国美术史简编 [M]. 北京：高等教育出版社，1997.

[18] 叶小青. 色彩 [M]. 2 版. 北京：高等教育出版社，2010.

[19]　张洪亮. 色彩风景写生教程 [M]. 北京：中国电力出版社，2010.

[20]　彭吉象. 艺术学概论 [M]. 4 版. 北京：北京大学出版社，2015.

[21]　云宇峰. 水彩画风景写生教学新解 [J]. 美与时代（下），2017（02）

[22]　黄超. 水粉静物的内涵表达与色彩表现探讨 [J]. 艺术评鉴，2018（20）

[23]　茅迅业. 水粉风景写生，当从观察做起 [J]. 华夏教师，2017（10）

[24]　王德立. 水粉静物的内涵表达与色彩表现探讨 [J]. 现代经济信息，2016（05）